KB175879

동태평양,
과학으로
항해하다

동태평양,
과학으로
항해하다

남성현 · 김혜진 지음

이담
Books

프롤로그

티베트의 종교적 · 정치적 지도자인 현 14대 달라이 라마(Dalai Lama), 텐친 갸쵸(Tenzin Gyatso)는 다음과 같은 명언을 남겼다고 한다. 여기서 몽골어 '달라이'는 '바다'를 뜻한다.

"우리가 살고 있는 지구에 필요한 것은 더 많은 '성공적인' 사람들이 아니라 더 많은 평화주의자들, 치료자들, 복구자들, 이야기를 만드는 사람들 그리고 모든 종류의 사랑할 줄 아는 사람들입니다(The planet does not need more successful people. The planet desperately needs more peacemakers, healers, restorers, storytellers and lovers of all kinds)."

전 세계에 자유와 인권, 평화와 자치의 메시지를 전하고 있는 그는 세상을 폭넓게 볼 수 있는 시야와 치우치지 않는 조화로움을 특히 강조한다. 세상 모든 것들이 서로 관계되어 있고 또 서로 영향을 주고받으며 연결되어 있기 때문이다. 자연과 인간도 예외가 아니다. 예를 들면, 전 지구적 이상기후나 자연재해와 같은 문제로부터 자유로울 수 있는 사람은 지구상에 단 한 사람도 없을 것이다.

그런데 산업혁명 이후, 인류는 막대한 양의 이산화탄소와 다양한 종류의 온실기체를 대기로 배출하고 있다. 이는 인류가 예측하지 못했던 방향으로 전 지구에 걸쳐 자연계를 변화시키고 있으며, 이제 이 물리적 · 화학적 변화가 전 지구적 생태계에 어떤 영향을 주고받을지가 뜨거운 연구 주제가 되었다. 1990년대까지만 해도 지구온난화가 사실이냐 아니냐 하는 논쟁이 있었지만, 과학기술의 빠른 발전과 그간 축적된 장기 시계열(時系列) 자료 덕분에 이제는 누구도 부정할 수 없는 사실이 되었다. 제3차 기후변화에 관한 정부 간 협의체(Intergovernmental panel on climate change-IPCC Third Assessment) 보고서(Climate Change 2001)까지만 해도 지구온난화가 온실기체의 증가 때문일 것이라고 추정하는 선에서 그쳤으나(66% 이상 확률), 유엔 산하 가관인 기후변화에 관한 정부간 협의체(Intergovernmental Panel on Climate Change, IPCC)가 발간한 4차 평가 보고서(The 4th Assessment Report, Climate Change 2007)에서는 20세기 중반 이후 일어난 지구온난화는 인간이 만든 온실기체의 증가로 인한 것이 90% 이상 확실하다고 명시하고 있다. 노벨상위원회는 IPCC 보고서와 앨 고어 전 미국 부통령이 인간에 의해 만들어진 기후변동을 널리 알린 공로를 높이 샀으며 IPCC 보고서대로 기후변동이 자원고갈이나 자연재해로 인해 인류에게 전쟁의 위험을 높일 것이라고 강조하며, 보고서 기여 과학자들과 미국 앨 고어 전 부통령에게 노벨평화상을 수여하기도 했다.

심각한 지구환경의 위기에 직면하여 전 지구적 기후변화를 체감하고 있는 오늘날, 돈을 많이 벌거나 높은 명예 혹은 대단한 권력을 얻은 이른바 '성공한 · 출세한' 사람들보다는 우리가 직면한 전 지구적 위기를 해결해 줄 사람들이 더 많이 필요함은 어쩌면 너무나도 당연한 이야기일 것이다. 인류의 지속 가능한 번영과 생존은 아무 대가 없이 저절로 주어지는 것이 아니라 인류애를 바탕으로 우리가 직면한 심각한 지구환경 문제, 자원과 에너지의 고갈 문제, 기후변화 등의 전 지구적 문제들을 풀어낼 새로운 방법들을 찾아내고 이를 실천하는 많은 사람들의 부단한 노력을 통해서만 얻을 수 있을 것이기 때문이다. 오늘날 우리는 '인류의 모든 지혜'를 모아 '인류 공동의 노력'을 경주해야만 하는 시대에 살고 있다.

이미 푸른행성지구 시리즈의 첫 편『바다에서 희망을 보다』를 통해 오늘날 직면한 지구 환경의 변화와 전 지구적 위기 상황에 대해 소개한 바 있고, 다른 많은 정보들을 통해 최근에는 일반인들에게도 이 전 지구적 위기의 심각성 자체는 어느 정도 알려져 있는 듯하다. 그러나 아직 우리는 뚜렷한 돌파구를 찾지 못하고 있는 상태이다. 시리즈 첫 편에서부터 주장하였듯이 바다로 눈을 돌려 우리가 직면하고 있는 전 지구적 문제들을 풀어내는 열쇠를 바다에서부터 찾는 노력들을 기울여 나간다면 머지않은 장래에 우리는 새로운 해결책들에 도달할 수 있을 것이다.

바다가 가진 잠재력을 일찍이 깨달았던 미국은 오래전부터 동태평양을 포함한 전 세계 바닷속 연구를 위해 노력을 기울여 왔다. 서부시대와 캘리포니아 골드 러시 이후라고 할 수 있는 1903년, 즉 지금으로부터 이미 110여 년 전에 세계 최고(最古)의 스크립스 해양연구소(Scripps Institution of Oceanography)*의 전신이라 할 수 있는 샌디에이고 해양생물협회(The Marine Biological Association of San Diego)를 설립하고 바다를 과학적으로 연구하기 시작했다. 그 외에도 몬터레이만 수족관 해양연구소(Monterey Bay Aquarium Research Institute)**, 워싱턴 주 시애틀(Seattle)에 소재한 워싱턴대학교(University of Washington)의 해양학과, 오리건 주 코발리스(Corvalis)에 소재한 오리건주립대학교(Oregon State University)의 해양학과 등 미국의 태평양 해안에는 다수의 해양 관련 대학들과 연구소들이 설립되어 바닷속에서 벌어지는 일들을 탐구하고 해양 관련 전문 인력을 양성해 왔다.

물론 이들의 연구가 동태평양에만 국한된 것은 아니고, 또 이 연구기관들만 동태평양 연구를 수행하는 것도 아니지만 다른 어떤 바다보다도 다수의 해양 관

---

* 처음에는 샌디에이고 해양생물기지(San Diego Marine Biological Station)로 불리다가 1912년에 캘리포니아대학(UC: University of California) 조직에 병합되었고, 이어 1925년에는 현재와 같은 스크립스 해양연구소로 이름을 변경하였다. 1960년에는 그전 해 문을 연 캘리포니아대학 샌디에이고 캠퍼스(University of California, San Diego)의 조직으로 병합되었다. 현재는 3명의 노벨상 수상자를 포함한 1,500명 이상의 인력이 소속되어 있으며, 다수의 연구선들도 운용하고 있는 거대한 종합 해양연구기관으로 발전하였다.

** 세계적으로 유명한 몬터레이만 수족관의 자매 연구소로 휴렛-패커드 사의 설립자 중 한 사람인 데이비드 패커드가 전액 출자하여 1987년 설립하였다.

런 연구기관들이 지리적으로 근접해 있는 동태평양에서 자연스럽게 많은 과학적 발견들이 이루어질 수 있었던 것은 사실이고, 지난해(2013년) 60주년을 맞이한 동태평양해양학회(Eastern Pacific Ocean Conference) 등을 포함한 여러 기회를 통해 동태평양의 해양 과학적 발견들에 대한 과학자들 사이의 학술교류도 오랜 기간 이루어져 오고 있다.

북쪽의 알래스카에서부터 시작해 캐나다와 미국, 멕시코를 거쳐 페루와 칠레에 이르기까지 남북으로 길게 뻗은 동태평양에서는 전 세계에서 가장 큰 산소최소층(Oxygen Minimum Zone)이 분포하고 있으며, 최근 기후변화와 관련한 산소최소층의 확장이 보고되어 관련 해양생태계 변화가 큰 이슈로 부각되고 있다. 특히 동태평양에서 일어나는 심층 해수의 용승(upwelling)***과 같은 현상들은 산소가 충분하지 않은 산소최소층의 해수가 연안 해역까지 영향을 미쳐 빈산소(hypoxia) 환경을 초래하도록 만들고, 이에 따라 전반적인 연안 생태계 변화가 발생하는 것으로 보고되고 있다. 동태평양 해역을 모니터링해야 할 필요성은 점점 더 커지고 있으며, 기존의 전통적인 해양관측 프로그램들에 최근 발전된 첨단의 해양관측기술이 적용된 새로운 해양관측 프로그램들이 더해져 동태평양

***   자세한 내용은 4장 참조.

을 비롯한 세계 도처의 바다에서 시도되고 있는 상태이다. 머지않은 장래에 우리는 개개인의 스마트폰 등으로 동태평양과 세계 도처 바닷속 해양환경과 생태계를 실시간 감시·예측하여 바닷속 자원들을 과학적이고 효율적으로 관리하며 기후변화에 대응할 수 있게 될 것으로 기대한다.

가능하면 동태평양에서 발견된 많은 해양학적 현상들과 과학적 연구 활동들을 소개하려고 노력하였으나 저자들의 제한된 경험과 수집 가능했던 정보에만 의존하다 보니 일부에 국한된 연구들만을 소개할 수밖에 없었다. 그럼에도 이 책에 소개된 내용들을 통해 보다 많은 사람들이 동태평양을 비롯하여 우리가 살고 있는 지구의 대부분을 덮고 있는 드넓은 바다와 깊은 바닷속 현상들에 더 많은 관심을 가질 수 있는 하나의 계기가 되길 바라는 마음 간절하다.

자료수집 과정에서 직간접적으로 많은 분들의 도움을 받았다. 이 책이 세상에 나올 수 있도록 현장에서 동태평양을 연구하고 계신 모든 해양과학자들께 깊이 감사드린다.

2014년 1월
남성현, 김혜진

Contents • • •

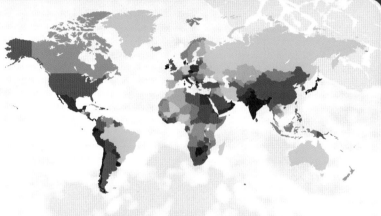

Part 7. 전망과 과제

에필로그

Part **1**

동 태평양
해양관측사

"관리는 일들을 제대로 하는 것이고, 리더십은 옳은 일들을 하는 것이다

(Management is doing things right, Leadership is doing the right things)."

- 피터 퍼디낸드 드러커(Peter F. Drucker)

Part 1. 동태평양 해양관측사

인류문명이 시작된 이래 물고기를 잡는 어로 활동은 인간이 살아남는 데 중요한 활동이었다. 단순히 물고기를 잡는 데 그치지 않고 인류는 오랜 세월 경험을 통해 항해에 필요한 지식을 축적하고 기술을 익혀 전수해 왔다. 인류는 이미 오래전, 동아시아에서 동쪽의 폴리네시아(Polynesia, 적도 근처 태평양의 1,000개가 넘는 섬들)로 이주하며 정착하기 시작했을 때 천문학에 대한 지식을 이용하여 항해했던 것으로 밝혀지고 있다. 이처럼 바다는 인류문명이 시작된 이래 우리 생활과 밀접한 관련이 있어 왔다. 그러나 과학 장비와 연구선을 이용한 본격적인 근대 해양학 관측 역사는 1872년부터 1876년까지 있었던 챌린저호 탐사(The Challenger Expedition)와 함께 시작되었다고 볼 수 있다. 챌린저호는 영국 군함을 개조해 만들어진 해양연구선으로 해양관측장비와 실험실을 갖추고 있었다. 1872년 영국에서 출발해 1876년까지 4년에 걸쳐 대서양을 건너 아프리카에 도착하고 다시 인도양과 남극해 등 전 세계를 항해하면서 수온, 해류, 해수의 화학 성분, 해저 지형 등 방대한 해양 자료를 수집했다.

동태평양에서는 1903년 설립된 스크립스 해양연구소(Scripps Institution of Oceanography)를 비롯하여 몬터레이만 수족관 해양연구소(Monterey Bay Aquarium Research Institute), 워싱턴대학교(University of Washington) 해양학과, 오리건주립대학교(Oregon State University) 해양학과 등 다수의 해양 관련 대학들과 연구소들이 미국 서부에 설립되면서 여러 해양관측 프로그램들을 통해 다양한 해양 자료들을 오랜 기간 수집해오고 있다. 여기서는 동태평양을 대상으로 그동안 만들어진 여러 해양관측 프로그램들의 배경과 역사를 알아보기로 한다.

캘리포니아 협동해양수산조사(California Cooperative Oceanic Fisheries Investigations, CalCOFI) 프로그램

동태평양의 해양관측사에서 캘리포니아 협동해양수산조사(California Cooperative Oceanic Fisheries Investigations, CalCOFI, http://calcofi.org/) 프로그램을 빼고는 이야기를 할 수 없을 정도로 이 프로그램은 동태평양 해양관측에서 매우 중요한 역할을 해왔다. 이미 해양과학 전공자들 사이에서는 널리 알려졌을 정도로 유명한 이 프로그램과 이를 통해 60년 이상 수집되어 오고 있는 자료들의 중요성은 최근 출판된 미 해양기상청(National Oceanic and Atmospheric Administration, NOAA) 남서부수산과학연구센터(SWFSC; Southwest Fisheries Scientist Center) 소속 샘 맥클라치(Sam McClatchie) 박사의 책에 인용된 동일 기관 소속 로저 휴윗(Roser Hewitt) 박사의 1988년 인터뷰 내용에도 잘 나타나 있다.

"캘리포니아 해류는 전 세계에서 가장 많이 연구된 바다로 일컬어집니다. 두 가지 이유 때문이라고 볼 수 있는데, 하나는 태평양 북미 연안에 많은 수의 해양 관련 연구기관들이 밀집해 있으면서 많은 해양관측 연구 프로그램들을 수행해 왔기 때문이고, 다른 하나는 바로 캘리포니아 협동해양수산조사 프로그램 때문입니다."

1940년대 후반 북미 대륙의 태평양 연안에서 최대 수산업이었던 정어리 어획량이 급격히 감소하게 되자 그 원인 규명에 대한 필요성이 대두되었고, 이를 위한 세금까지 도입되기 시작했다. 이에 스크립스 해양연구소(https://scripps.ucsd.edu/)와 관련 캘리포니아 주정부 기관들(California Department of Fish and Game, US Fish and Wildlife Service, California Academy of Science)은 공동 연구 프로그램을 시작하였고, 이 프로그램은 1940년대 후반에서부터 오늘에 이르기까지 오랜 동안 꾸준히 이어져 오고 있다. 캐나다 브리티시컬럼비아(British Columbia)에서부터 멕시코의 바하캘리포니아 수르(Baja California Sur)에 이르는 캘리포니아 해류 시스템(California Current System) 전반에 이르는 넓은 범위를 다루며(그림 1-1), 그 생태적 연구와 수산자원에 미치는 환경적 원인을 이해하려는 목적으로 시작된 이 프로그램은 현재까지 60년이 넘는 기간 동안 200회 이상 해양관측 항해를 진행하였으며, 관련 연구 결과들은 셀 수 없을 정도로 많은 논문들로 출판되었다.

미국인들은 오랜 기간 태평양의 과학적 연구에 대해 큰 자부심을 가지고 있었지만 1930년대는 미국 서부 해양과학의 정체기라고 할 수 있었다. 그런데 이 캘리포니아 해양수산 프로그램이 시작되면서 상황이 크게 바뀌고, 이후 1950년대 초까지 새로운 연구선들이 건조되며, 해양생물학과 물리해양학 및 화학해양학 등이 재결합하는 등 해양학 연구에 다시 활력을 넣는 중요한 계기가 되었다. 이 프로그램을 통해 최초로 동태평양급 연구선들 3척이 조사에 사용되기 시작했고, 1940년대의 정어리 어획량의 급감뿐 아니라 1960년대 멸치 어획량의 증가로 멸치 수산업이 정어리 수산업을 대체하는 등의 변화를 겪으며 모든 종류의 수산자원과 해양환경을 연구하는 프로그램으로 확장되며, 전체 해양생태계를 이해하기 위한 많은 연구들이 수행될 수 있었다.

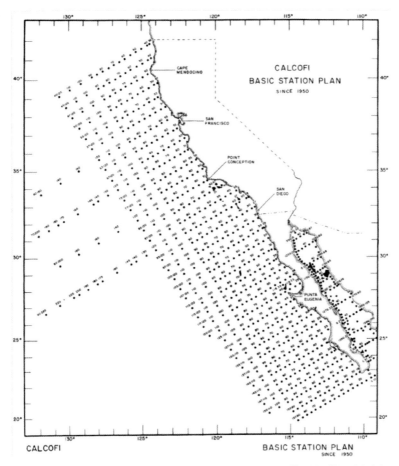

그림 1-1 캘리포니아 해양수산 프로그램을 위해 1950년 당초 계획되었던 정점 관측 계획. 매월 표시된 정점들에서 해수 시료를 수집, 분석하려는 계획을 수립했었다[Sam, 2013[1]].

1951년부터 더욱 정기적인 관측을 수행하면서 초기(1953, 1955, 1957, 1961~1966, 1968, 1974, 1975, 1978, 1980, 1981년)에는 캘리포니아와 오리건 주의 경계에서부터 멕시코의 바하캘리포니아에 이르는 광활한 해역을 모두 조

---

1 Sam McClatchie (2014), Regional fisheries oceanography of the California Current system: the CalCOFI program, Springer, p. 235.

사했으나(그림 1-1), 점차 핵심적인 해역(75개 정점)으로 그 조사범위를 축소하며 지속적인 관측을 수행하게 되었다(그림 1-2 좌측). 이례적으로 1979년과 1984년에는 미국 샌프란시스코(San Francisco)부터 멕시코 바하캘리포니아 중부(mid-Baja California)까지, 1982년과 1983년에는 샌프란시스코부터 샌디에이고(San Diego)까지, 1977년에는 포인트 콘셉션(Point Conception)에서부터 바하캘리포니아 중부까지 1967년과 1970년에는 포인트 콘셉션에서부터 바하캘리포니아 남부까지 영역을 조사하기도 하였다. 오늘날에는 남부 캘리포니아 연안해양관측망(Southern California Coastal Ocean Observing System, SCCOOS)의 일환으로 연안 정점들(붉은색)이 추가되었고, 또 봄철 관측의 표준으로 샌프란시스코부터 샌디에고이에 이르는 확장형 정점(113개)에서 수로 관측(hydrographic observations)과 그물끌기(net tow) 등을 실시하고 있다. 또 캘리포니아 잠류(California Undercurrent)와 관련된 물리해양학적 연구를 위해 1996년 2월부터 1999년 10월까지 45개월간 25차례의 연구 항해를 수행하며 집중적인 자료를 수집하기도 했으며, 2002~2003년 겨울에는 해양생물학적 연구를 위해 집중적인 조사를 실시하기도 하였다. 정기적으로 1년에 4차례씩(분기 혹은 계절마다) 조사를 진행하면서 관측선 90에서와 같이 시간적으로 잘 지속·관측된 정점들도 생기게 되었다. 최근(2006, 2008, 2010년)에는 미 대륙 서해안 전체를 조사하는 일시적인 관측도 수행되었다.

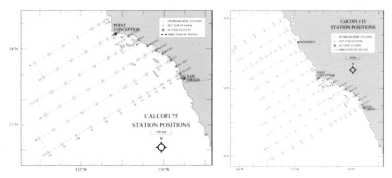

그림1-2 (좌) 6개의 관측선으로 구성된 75개의 핵심 정점. 매 분기(계절) 이 정점들에서 연구 항해를 실시하고 있다. 기존 66개의 핵심 정점에서 최근 남부 캘리포니아 연안 해양관측망의 일환으로 연안 정점들(붉은색)이 추가되었다. (우) 확장형의 113개 정점. 북쪽으로 몬터레이와 샌프란시스코가 위치한 중부 캘리포니아(central California)에서부터 남쪽의 샌디에이고에 이르는 해역을 대상으로 한다. 모든 정점에서 수로 관측(hydrographic observation)과 그물 끌기(net tow)를 병행하여 해양 및 수산자료를 동시에 수집하도록 계획되어 있다[출처: http://calcofi.org].

캘리포니아 협동해양수산조사 프로그램의 조사 영역이 1950년 당초 계획된 정점(그림 1-1)에 비해 오늘날 75개 핵심 정점 혹은 113개의 확장형으로 크게 축소되었지만(그림 1-2), 바하캘리포니아 해역에서는 멕시코의 IMECOCAL(Investigaciones Mexicannas de la Corriente de California)이라는 프로그램을 통해 1997년 10월 이후 매 분기(계절) 자체적인 조사가 이루어지고 있다 (그림 1-3). 이 프로그램은 멕시코 엔세나다(Ensenada)에 소재한 해양연구기관, 과학연구와 고등교육을 위한 센터(Centro de Investigacion Cientificay de Educacion Superior de Ensenada, CICESE, http://www.cicese.edu.mx)에서 주도하고 있다.

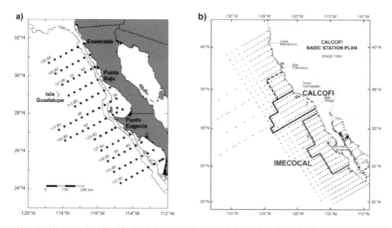

그림 1-3 (a) 1997년 10월 이후 매 분기(계절) 조사가 이루어지는 멕시코 바하캘리포니아(Baja California) 앞에서 수행되는 IMECOCAL(Investigaciones Mexicannas de la Corriente de California) 프로그램의 관측 정점. 관측선과 정점 번호는 캘리포니아 협동해양수산조사 프로그램의 당초 정점 방식을 따르고 있다. (b) 당초 캘리포니아 협동해양수산조사 프로그램의 정점과 오늘날 캘리포니아 협동해양수산조사 프로그램(파란색) 및 IMECOCAL 프로그램(붉은색). 파란색 점선은 확장형 115개 정점 해역을, 실선은 75개 핵심 정점 해역을 나타낸다.

2004년 이후 이 핵심 정점 해역에서는 캘리포니아 협동해양수산조사 프로그램을 확장하여 새로운 캘리포니아 해류 장기생태 연구(California Current Ecosystem Long-Term Ecological Research, CCE LTER, http://cce.lternet.edu/) 프로그램이 진행 중이며, 캘리포니아 해류 생태계의 장기적인 변화를 이해하는 학제 간 융합 연구에 그 초점을 맞추고 있다. 이 프로그램을 통해 몇몇(혹은 전체) 정점에서 영양염, 암모늄, 용존 유기탄소, 용존 유기질소, 생태계 구조변수 등 새로운 측정항목들을 추가하였으며, 인공위성과 계류(繫留) 관측[2] 및 자동 수중 글라이더 관측 그리고 수치모델링 연구 등을 병행하고 있다. 특

---

2   계류 관측이란 다양한 해양 기상 관측 센서를 장착한 자동 관측 시스템을 바다에 계류하여 자료를 얻는 방식의 해양 관측을 말한다. 연구선을 이용하여 직접 바다에 나가서 자료를 수집하는 전통적인 방식의 관측과 달리 적은 비용으로 지속적인 환경 시계열 자료를 얻을 수 있는 장점이 있다.

히 관측선 80에 위치한 두 기의 계류 부이(buoy)에서는 대기 및 해표면의 이산화탄소 분압을 비롯하여 수온, 염분, 용존산소 등의 수중 해수의 특성과 수층별 유속 등의 자료를 연속적으로 수집 전송하며 실시간으로 해양환경을 모니터링하고 있다. 해양과학자들은 캘리포니아 해류 장기생태연구 프로그램(Long-Term Ecological Research, LTER)을 통해 수집된 자료들을 분석하고, 또 과거 60여 년 동안 캘리포니아 협동해양수산조사 프로그램을 통해 수집된 방대한 자료들과 함께 비교하여, 캘리포니아 해류의 장기 수온상승, 태평양 십 년 주기 변동, 엘니뇨-라니냐 격년 변동, 영양염 농도 변동, 용존산소 변화 등의 중요한 기후 및 생태 연구 결과들을 논문으로 발표하고 있다.

스크립스 피어(Scripps pier)

연안에서 흔히 볼 수 있는 다른 피어들과 달리 연구 목적으로 지어진 스크립스 피어(그림 1-4)는 백 년이 넘는 스크립스 해양연구소의 역사에서 중요한 역할을 해왔다. 새로 개발한 해양장비를 먼 바다에서 사용하기 전에 실제 바다에서 테스트를 하기 위한 플랫폼(platform)으로서도 도움을 주었고 수온, 온실 기체 등 여러 해양 및 대기 모니터링 프로그램들을 위한 플랫폼으로서도 기여해 왔다. 원래 1915년에는 나무로 만들었으나 1987~1988년에 콘크리트로 재건축하였다. 1916년부터는 오늘날까지 지속적으로 스크립스 피어 끝에서 매일 수온과 염분을 관측해 오고 있는데, 이처럼 100년에 가까운 장기 해양 시계열 자료는 전 세계적으로도 매우 희귀하기 때문에 세계에서 가장 오래된 해양 시계열 자료 중 하나로 알려져 있다. 현재에는 미국 서부 연안관측 프로그램(Shore Stations Program)의 일부로 라호야(La Jolla) 기지에 해당된다(http://shorestation.ucsd.edu/index.html).

스크립스 피어의 장기 표층 수온 시계열 자료는 꽤 멀리 떨어진 캘리포니아 해류의 겨울철 수온과 밀접한 관련이 있는데(Mcgowan et al., 1998[3]), 이것은 스크립스 피어의 표층 수온이 단순히 해안 부근의 매우 국지적인 효과만을 볼 수 있는 자료가 아니라 캘리포니아 해류를 포함하는 보다 큰 규모의 현상을 연구하는 데에도 활용될 수 있음을 보여주는 좋은 예라고 할 수 있다. 이를 통해 수온이 상대적으로 높게 유지되었던 1945년까지의 기간과 그 이후 수온이 상대적으로 낮아진 1976년까지의 기간, 그리고 다시 수온이 높게 유지되는 1999년까지의 기간과 다시 전반적으로 낮아진 수온상태를 보이는 2000년 이후 현재까지의 기간을 구분하는 것도 가능하다. 물론 이 같은 장주기적인 변동 외에 1~2년 이내에 급작스럽게 나타나는 변동이나 그보다 더 짧은 규모로 나타나는 변동들을 연구하는 데에도 이 자료는 잘 활용되고 있다.

수온·염분뿐만 아니라 생물학적 자료인 엽록소 농도와 식물 플랑크톤 종별 개체 수도 관측되었는데 대표적으로 윈프레드 알렌 박사(Dr. Winfred E. Allen)의 20년 시계열 자료가 있다. 그는 스크립스 피어에서 그가 고안한 샘플병을 이용하여 매주 식물 플랑크톤을 채집하는 방식으로 놀랄 만한 장기 시계열 자료를 얻기 시작했다. 이 자료는 겉으로 보기에는 별다른 변화가 없는 것 같은 바닷속에서 플랑크톤의 개체 수나 종의 구성에 있어 시간적 변동이 크다는 것을 보여준다. 70여 년이 지난 아직까지도 적조의 기작에 대해서는 완전히 이해하지 못하고 있음을 고려할 때 이 시계열 자료는 해양생물학적 연구에서 새로운 진일보를 가져오는 획기적인 것이었다

---

3   McGowan, J. A., D. R. Cayan, and L. M. Dorman(1998), Climate-ocean variability and ecosystem response in the northeast Pacific, *Science*, *281*(5374), pp.210-217.

고 볼 수 있다. 그는 한 논문에서 다음과 같이 기술했다.

"바다의 상태가 거의 일정해서 바다에 살고 있는 생물들의 생명활동이 단순한 사이클을 가질 것이라고 생각하는 많은 사람들에게는 우리 자료가 보여주는 변동성이 거의 충격적일 것이다. 20년의 시계열 자료는 어떤 해(year)도 서로 비슷하지 않고 어떤 달(month)도, 어떤 주(week)도 서로 비슷하지 않다는 것을 보여준다. 이러한 지속되는 변동은 땅에서 그렇듯이 바다에서도 적용되는 자연의 섭리이다. 날씨나 다른 많은 변수들이 관계의 지속되는 변화에 각각의 역할을 하고 있다.[4]"

알렌 박사의 20년 장기 시계열 관측 자료수집 이후 존 맥고완 박사(Dr. John McGowan)에 의해 또 다른 장기 시계열 해양 자료가 스크립스 피어에서 수집되었는데, 1983년부터 2000년까지 17년에 걸쳐 일주일에 두 번씩 스크립스 피어에서 해수를 채집하여 수온, 염분, 엽록소 농도를 지속적으로 분석한 자료가 바로 그것이다. 2000년에 일시적으로 중단됐던 엽록소 농도 관측은 2005년에 다시 재개되어 현재에도 적조 연구 프로그램(California Harmful Algal Bloom Monitoring and Alert Program, http://habmap.info, CalHABMAP, http://www.sccoos.org/data/habs)을 통해 지속되고 있다. 이 프로그램은 일주일에 한 번씩 해수 샘플(water samples)를 수집하고 그물끌기 관측을 하고 있는데 이메일을 등록하면 매주 보고서를 받아볼 수 있다. 이 프로그램의 주목적은 독성분을 갖고 있는 플랑크톤 종류가 일으키는 적조가 생태계뿐만 아니라 사람의 건강에 어떠한 영향을 미치는지 이해하는 데 있다. 또한 매주 관측을 통해 적조에 대한 시기적절한 대응을 꾀하고 있다.

---

4   "A Science Plan for the California Current"-U.S. GLOBEC Report No. 11, August 1994.

동태평양, 과학으로 항해하다

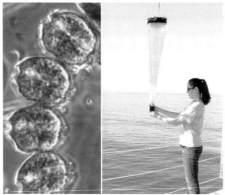

그림 1-4 (상단) 미 캘리포니아의 라호야(La Jolla) 해변에 위치한 스크립스 피어의 전경. SCCOOS와 미해양기상청(NOAA)의 지원을 받아 지역 모니터링 정점 중 하나로 서도 활용되고 있다. (우측 하단) 그물끌기(net tows) 관측 사진 (좌측 하단) 적조 를 일으키는 종의 하나인 식물 플랑크톤 종(Alexandrium catenella)의 현미경 사진 [출처: 남부 캘리포니아해양관측망 홈페이지[5]], 현미경 사진은 M. Carter 제공]

몬터레이만 수족관 해양연구소(Monterey Bay Aquarium Research Institute, MBARI)

캘리포니아 협동해양수산조사 프로그램의 핵심 해역에서는 빠졌지만 중부 캘리포니아(central California) 연안에서도 1980년대 후반 이후 활발한 해양관측 프로그램들이 만들어졌는데, 이는 몬터레이만 수족관 해양연구소(Monterey Bay Aquarium Research Institute, MBARI, http://www.mbari.org/)의 활약에 힘입은 바 크다. 이 연구소는 1987년 데이비드 패커드(David Packard)[6]의 전액 출자로 설립되었는데 세계적으로 유명한 몬터레이 수족관의 자매 연구소이다. 1984년 데이비드 패커드는 해양생물학자였던 딸들에게서 아이디어를 얻어 연구를 겸할 수 있는 수족관을 설립하였다. 몇 년 후 비영리 목적의 해양연구센터를 설립하였고 이는 지난 이십여 년에 걸쳐 크게 성장하여 지금의 몬터레이만 수족관 해양연구소가 되었다.

몬터레이연구소는 기존의 단기적인 연구 프로그램이 쉽게 도전할 수 없는 혁신적인 연구에 중점을 두고 과학자와 공학자 사이의 협력을 처음부터 기본적인 원리로서 강조해왔다. 초기부터 규정되었던 이 연구소의 임무는 해양과학기술에 대한 고급 연구와 교육을 담당하는 세계적인 센터 역할을 하는 것이었고, 이를 위해 보다 나은 장비와 시스템 그리고 심해 연구를 위한 새로운 과학적 방법 등을 개발하는 것을 목표로 해왔다. 이

Part 1. 동태평양 해양관측조사

---

6   컴퓨터와 전자장비를 만드는 HP(휴렛-패커드)의 공동 창업자이기도 하며, 스탠퍼드 출신의 전기공학자이자 기업인 그리고 억만장자였다. 닉슨 행정부 시절, 국방성(United States Deputy Secretary of Defense)에서 일하기도 하였다. http://en.wikipedia.org/wiki/David_Packard

그림 1-5 몬터레이만 수족관 해양연구소(MBARI; Monterey Bay Aquarium Research Institute, http://www.mbari.org/)의 전경

연구소의 성격은 한마디로 월등히 뛰어난 기술개발과 혁신 및 비전이라 할 수 있다.

미국에서는 대부분의 과학적 학술 연구가 5년 정도 기간의 연구 프로그램들에 의해 수행될 뿐만 아니라, 10년 이상 지속되어야 하는 장기적인 모니터링 프로그램의 경우 미 의회의 동의 등을 거쳐야 하기 때문에 장기적인 모니터링 연구를 수행하기는 쉽지 않은 실정이다. 그런데 이 연구소의 경우에는 설립 2년 만인 1989년, 몬터레이만에 최초로 설치한 모니터링 계류 부이(mooring buoy) 시스템을 현재까지 유지하고 있을 정도로 지속적이고 장기적인 모니터링 프로그램 진행이 가능했다. 2007년 가을까지 총 4기의 모니터링 계류 부이 시스템을 이 해역에 설치, 운영해 오면서 장기적인 시계열(Time-series) 자료를 수집하는 데 성공할 수 있었는데, 사설 연구소의 장점을 살려 심해 연구나 다학제 간 융합 연구 등의 혁신적인 연구에 처음부터 집중 투자한 결과, 적은 인원(약 220여 명)과 비교적 짧은 역사(26년)에도 불구하고 3척의 연구선과 1기의 무인 잠수정을 보유한 세계적인 연구소로 발전할 수 있었다.

스탠퍼드대학교(Stanford University) 존스홉킨스 해양기지 (Johns Hopkins Marine Station)와 모스랜딩 해양실험실(Moss Landing Marine Laboratories)

몬터레이만 인근에는 소규모 해양연구기관들이 더 있는데, 바로 스탠퍼드대학교(Stanford University)의 존스홉킨스 해양기지(Johns Hopkins Marine Station, http://www-marine.stanford.edu/)와 모스랜딩 해양실험실(Moss Landing Marine Laboratories, http://www.mlml.calstate.edu/about-us)이 바로 그것들이다. 1892년 스탠퍼드 대학교에서는 교수들과 학생들이 여름철에만 6주 기간으로 방문하여 수업을 진행할 수 있도록 하는 서부 최초의 해안 연구실을 설립하고 이를 홉킨스 해안연구실(Hopkins Seaside Laboratory)라고 명명했다. 이후 1906년에는 르랜드 스탠퍼드 주니어 대학교 해양생물연구실(Marine Biological Laboratory of the Leland Stanford Junior University)로 개명했다가 1917년에 월터 피셔(Walter K. Fisher)가 최초의 상주하는 소장으로 임명되면서 다시 스탠퍼드 대학교 홉킨스 해양 정점(Hopkins Marine Station of Stanford University)으로 명칭을 바꾸게 되었다. 그는 이후 1943년까지 소장으로 활동하게 된다. 1936년 1월 1일에는 연구소 이름의 모체가 되었던 티머시 홉킨스(Timothy Hopkins)가 사망하면서 자신의 재산 수입 60%를 이 연구소 유지와 개발을 위해 사용하도록 유언을 남기기도 하였다. 헤럴드 밀러(Harold Miller)의 기증으로 연구선 테베가(Te Vega)를 보유하게 된 1962년에는 캘리포니아 샌디에이고에서부터 싱가포르까지 항해하는 첫 연구 항해를 수행하기도 하였다(http://tevega.stanford.edu/activities.htm). 2005년에는 태평양 환초 중 하나인 팔마이러 아톨(Palmyra Atoll)에도 새로운 연구 기지를 세우고, 해양생물과 생태에 관련된 연구들을 지속해 오고 있다.

1966년 설립되어 몬터레이만에서는 두 번째로 오래된 모스랜딩 해양실험실은 중북부 캘리포니아주에 위치한 캘리포니아주립대학교들(California State Universities)을 위한 해양과학 프로그램을 운영하고 있는데, 현재 3척의 연안급 연구선들(R/V Point Sur, R/V John H. Martin, R/V Sheila B)을 운용하고 있다. 이 실험실의 초기 역사에 대해서는 제임스 나이바큰(James Nybakken)의 책『모스랜딩 해양실험실의 초기역사(History of Moss Landing Marine Laboratories- The Early Years)』라는 제목의 문건[7]에 상세히 설명되어 있는데, 1958년에 부유한 영화제작가 팔메 보우뎃(Palmer T. Baudette)이 당시 해양과학에 매우 관심이 깊어 이 실험실의 오랜 전신이라고도 할 수 있는 보우뎃 재단(Baudette Foundation)을 설립하였다는 점은 참 흥미로운 사실이다.

북동태평양 해양 시계열 정점 Papa와 P관측선 프로그램

알래스카 해역의 북위 50도 서경 145도 위치(수심 4,220m)에는 Papa 혹은 Station P로 알려진 해양 시계열 관측 정점이 있어서 계류 부이를 통한 수온, 염분, 용존산소, 영양염, 용존무기탄소 등이 지속적으로 측정되고 있다. 이 고정 해양 시계열 정점에서부터 캐나다 연안의 후안 데 푸카(Juan de Fuca) 해협에 이르는 직선에 해당하는 관측선(P관측선)상에는 26개의 정점이 세워져 1949년 이후 지속적으로 많은 조사가 있었다. 1949년 최초의 관측은 미국 기상서비스를 통해 이루어졌지만 1950년부터 캐나다 기상관측선을 통해 조사가 이루어졌으며 당시 해양관측은 중단되었었다. 해양관측이 다시 시작된 것은 1952년 7월이었고, 1956년 7월 이후에는 기계적인 해수시료를 중단하고 정점 Papa에서 고급의 해양 시계열 관측

---

7   http://dspace.mlml.calstate.edu:8080/xmlui/handle/11028/535

을 시작하게 된다. 이어 1959년부터는 이 정점에서 후안 데 푸카(Juan de Fuca) 해협에 이르는 P관측선상에서 정점 조사가 지속적으로 이루어지게 된다. 1997∼1999년에는 미국의 국가 해양 파트너십 프로그램(National Oceanographic Partnership Program)의 일환으로 미 해양기상청 소속의 표층 계류 부이가 설치되어 연속적인 시계열 관측이 이루어지게 된다. 기상관측선 서비스는 1981년 6월에 끝났지만 오늘날까지도 캐나다 연구선을 사용하여 해양 자료 수집이 매년 2∼3차례씩(주로 2월, 5∼6월. 8∼9월) 지속되고 있다. 퇴적물 트랩(sediment traps)은 1983년 이후, 해양-대기 상호작용을 위한 계류 부이 모니터링은 2002년 이후 지속되고 있는 중이다. 물리 관측은 캐나다 해양수산부(Fisheries and Oceans Canada) 소속 하워드 프리랜드 박사(Dr. Howard Freeland)가, 화학 관측은 동일 기관 소속의 프랭크 휘트니 박사(Dr. Frank Whitney)가 담당하고 있으며, 그 외에 다른 과학자들은 동물 플랑크톤 시계열 관측, 용존무기탄소 관측, 입자 속 연구와 기체교환 모니터링 등을 연구하고 있다.

현재 이 해양 시계열 정점 Papa에서 수집되고 있는 자료는 북태평양 탄소순환 프로그램(North Pacific Carbon Cycle Project), 해양 시계열 관측 네트워크 OceanSITES(OCEAN Sustained Interdisciplinary Timeseries Environment observation System, http://www.oceansites.org/), 이산화탄소 분압 모니터링 네트워크 MAPCO2 Network(http://www.pmel.noaa.gov/co2/), 그리고 뒤에서 다룰 해양관측주도 프로그램 OOI(Ocean Observatories Initiative, http://www.oceanobservatories.org) 등에 기여하고 있다.

오리건(Oregon) 뉴포트(New Port) 관측선 프로그램

알래스카와 캘리포니아 사이의 오리건(Oregon) 및 워싱턴(Washington) 주가 위치한 북동태평양 연안에서도 오래전부터 해양관측 프로그램들이 개발되어 왔다. 대표적인 것이 오리건 뉴포트(Newport) 연안의 NH 해양관측선(Newport Hydrographic Line, 북위 44도 39.1분)이다. 1961년부터 1971년까지 정기적으로 여러 항해를 통해 물리해양학자들은 이 NH 관측선상의 일관된 정점에서 수심 1,000m까지 자료를 수집했다(Huyer, et al., 2007). 비록 이 관측기간들은 태평양십년진동(Pacific Decadal Oscillation, PDO)의 낮은 수온 상태에 해당하는 기간들이지만 이 해역에서의 평균 계절 변화와 연안 해양의 물리적 특성을 가장 잘 보여주는 완전한 자료 중 하나이다(Huyer, et al. 2002; Huyer and Smith, 1978). 그러나 그 이후 안타깝게도 일관되고 지속적인 관측이 이루어지지 못하였고, 대표적인 엘니뇨가 시작되었던 1997년(Smith et al., 2001)부터 다시 관측이 재개되었다. 1997~1998년 엘니뇨 기간의 캘리포니아 해류 시스템(California Current System, CCS) 강화 현상이 이 오리건 NH 관측선에서도 나타났고(Huyer, et al., 2002), 캘리포니아 해류와 연관된 전형적인 계절적 연안용승(coastal upwelling) 구조들을 파악할 수 있게 되었다(Barth et al., 2005). 연안용승을 유발하는 해상풍의 격년 변화 등을 통해 2005년과 같은 이상 용승현상(anomalous upwelling event)이 구별될 수 있었다(Pierce et al., 2006). 최근에는 용승 계절에 나타나는 대륙붕 해저에 산소가 고갈된 빈산소 수괴 현상과 생태계 생산성의 격년 변화 등을 이해하기 위해 평년과 다른 특성들을 이해하는 데에도 이 자료들이 잘 활용되고 있다. 2008년 용승 계절부터는 자동화된 수중글라이더(underwater glider)도 사용하여 NH 관측선상의 평년과 다른 이상 구조들을 파악하고 있다.

페루 · 칠레 해양관측

페루와 칠레 같은 남반구의 태평양 인접국들에서도 19세기 중반 이후 해양관측 프로그램들을 통해 해양 자료들을 수집해 왔다. 페루에서는 북부 홈볼트 해류 시스템(Northern Humboldt Current System, NHCS)과 아중규모(submesocale) 역학을 이해하기 위한 노력들이 있었다. 오늘날까지 지속되고 있는 페루 장기 해양관측 프로그램은 페루 연안을 따라 존재하는 다학제적(1960년 이후) 네트워크 및 해양-기상(2000년 이후) 정점 네트워크에서 엿볼 수 있다. 페루 해양연구소(Marine Research Institute of Peru, IMARPE)와 수로항해국(Direction of Hydrography and Navigation)에서 각각 담당하고 있는 이 관측은 1) 남위 5, 7, 12도에 위치한 다학제적 종단면 관측(1992년 이후)과 2) 정기적인 페루 전체 수산 조사(1960년 이후), 그리고 3) 간헐적인 조사와 4) 연간 해양학 항해(1998년 이후)로 구성된다. 또, 1999년부터 2009년까지의 십 년 동안 계류 관측이 있었고, 현재에는 단기적으로 수중 글라이더를 한시적으로 운용하는 등 첨단 장비들도 사용 중에 있다.

연안용승이 활발한 칠레 중남부 콘셉시온(Concepcion, 남위 36도 부근) 앞의 대륙붕에서도 장기 해양관측 프로그램이 있다. 동남태평양 해양연구센터(Center for Oceanographic Research in the eastern South Pacific, COPAS)에서는 2002년 8월 이후 콘셉시온 연안 해역에서 연속적인 시계열 관측을 수행해 오고 있다. 해안에서 약 30km 떨어진 관측정점 18(남위 36도30분, 서경 73도 8분, 수심 90m)에서는 매월 해수 샘플링을 실시하고, 기상 · 물리 · 화학 · 분자 · 생물 · 생태 · 생지화학 · 퇴적물 등의 다학제 간 자료를 수집한다. 또한 연안 계류 관측과 수중 글라이더를 비롯하여 인공위성 시계열 자료들의 수집도 동시에 이루어지고 있다(Escribano & Morales, 2012[8]).

지역 해양관측망 프로그램

오늘날에는 여러 선진국들이 해역마다 연안의 통합관측망을 구성하여 운용하고 있다. 미국의 경우에도 국가통합해양관측망(Integrated Ocean Observing System, U.S.IOOS)이 구축되어 있고, 이를 이루고 있는 여러 지역 연안해양관측망 프로그램들이 있다. 동태평양에는 AOOS(Alaska Ocean Observing System), NANOOS(Northwest Association of Networked Ocean Observing Systems), OrCOOS(Oregon Coastal Ocean Observing System), CeNCOOS(Central and Northern California Coastal Ocean Observing), SCCOOS(Southern California Coastal Ocean Observing System)와 같은 프로그램들이 있다.

북극에서부터 캐나다 국경으로 이어지는 알래스카(Alaska)와 알래스카만(Gulf of Alaska) 일대에는 알래스카 해양관측망(Alaska Ocean Observing System, AOOS, http://www.aoos.org)으로 알려진 해양관측망이 있다. 해양과학자들뿐만 아니라 미국 국토안보부 산하의 해안경비대(US Coast Guard), 기상당국, 에너지당국, 자원당국, 항만당국, 방재기구들, 교육기관들, 수산당국 등의 다양한 기관에서 해양관측 자료를 (특히) 실시간으로 필요로 하기 때문이다. 이들은 연안과 대양에서 수집되는 해양 자료들에 대한 접근성을 높이고, 각 기관의 고유 업무와 수요에 적절한 정보로 이들 자료를 가공할 뿐만 아니라 북극과 알래스카만 중심의 전반적인 해양관측과 예보능력을 증진시

동태평양, 과학이 곧 항해하다

---

8   Escribano, R. & Morales, C.E. [editors] (2012). Variability of the coastal upwelling and coastal transition zones off central-southern Chile, Progress in Oceanography, Special Issue, Vols 9295: 1-228.

키기 위해 이러한 프로그램을 가동하고 포털 서비스(http://www.aoos.org)를 실시하고 있다.

마찬가지로 북동태평양의 미국 연안에는 북서부 해양관측망 네트워크(Northwest Association of Networked Ocean Observing Systems, NANOOS, http://www.nanoos.org/)라는 명칭의 해양관측망 프로그램이 있고, 그 바로 남쪽의 오리건 연안에는 오리건 연안해양관측망(Oregon Coastal Ocean Observing System, OrCOOS, http://agate.coas.oregonstate.edu/)이 있어서 통합된 실시간의 해양 자료들이 수집되고 있다. 또, 캘리포니아 연안에는 중북부 캘리포니아 연안 해양관측망(Central and Northern California Coastal Ocean Observing, CeNCOOS, http://www.cencoos.org/)과 남부 캘리포니아 연안 해양관측망(Southern California Coastal Ocean Observing System, SCCOOS)이 존재하여 다양한 플랫폼으로부터 수집되는 실시간의 해양 자료들이 통합 서비스되고 있다.

2012년 10월에는 미국 서부의 해양관측망들이 바다의 건강을 위한 서부정부연합(West Coast Governors Alliance on Ocean Health, WCGA)과 양해각서(Memorandum of Understanding, MOU)를 체결하고 효율적인 연안과 해양자원 관리를 증진시키기로 하는 등 캘리포니아, 오리건, 워싱턴 주정부들과의 협조체계도 구축하였다. 지역적인 협력을 더욱 강화하여 캘리포니아 해류 거대해양생태계(California Current Large Marine Ecosystem, CCLME)[9] 규모의 해양 관측과 해양 정보를 서비스하기 위함이다. 이 양해각서를 통해 기후변동과 기후변화, 연안 재해, 해난 구조와 안전, 수산자원 및 수질관리 등의 여

Part I. 동태평양 해양관측소사

---

9   캐나다 남부 브리티시 컬럼비아에서 멕시코바하 캘리포니아에 이르는 3,000 Km에 달하는 동태평양 연안 생태계 환경을 말한다. 용승으로 잘 알려져 있는 수산자원이 풍부한 해역이다. 미국의 8개의 거대 해양 생태계 중 그 첫 번째이다.

러 이슈를 위한 광범위한 과학적 · 경제적 협력이 공식적으로 이루어질 수 있게 되었다.

해양관측주도(Ocean Observatories Initiative, OOI) 프로그램

그동안 해양과학자들은 신개념의 해양관측 네트워크를 개발하기 위한 노력을 지속적으로 기울여 왔다. 기술적으로는 크게 두 가지 방향으로 개발되어 왔는데 하나는 육지로 연결되어 전력을 공급받고 인터넷으로 자료를 공유할 수 있는 해저 케이블을 가진 해저 관측소이고, 다른 하나는 자체적으로 전력을 공급받는 부이 시스템으로 이 경우에는 위성 통신과 인터넷으로 자료를 제공하게 된다. 최근에는 새로운 기술의 개발로 이동형 로봇들이 등장하게 되었는데 수중 글라이더나 자율제어 수중운동체 등이 있다. 해양과학자와 공학자들은 이를 개발하기 위한 끊임없는 노력을 계속해왔고, 미 과학재단(Natinoal Science Foundation, NSF)에서는 수많은 관련 프로젝트와 워크숍을 지원해왔다. 이러한 활동들을 통하여 연안관측, 지역관측, 전 지구관측이라는 세 가지 다른 규모의 관측 정점들이 하나의 통합된 네트워크 안에 어우러지는 프로그램으로 탄생되었다. 이것이 바로 해양관측주도(Ocean Observatories Initiative, OOI) 프로그램이다.

이 진취적이고도 매우 거대한 프로그램이 탄생하기까지는 오랜 기간의 준비 과정이 있었다(그림 1-6). 물론 장기 해양관측을 위한 꿈은 20년 넘게 검토되어 왔던 것이고, 동태평양만 하더라도 앞에서 살펴본 것처럼 오늘날까지도 지속되고 있는 몇몇 프로그램들을 통해 장기적인 자료가 수집되고 있는 상태이다. 그러나 최근의 전자 · 전기 · 통신 · 기계 · 소재 등의 제반 기술분야의 발전에 힘입어 신개념의 해양관측 네트워크를 개발하기 위한 비전이 제시되었고, 해양학계에서는 이미 1988년부터 이를 위해 필요한 과학, 개념 설계, 기술 공학 등의 논의를 시작했었다. 여러 위원회와 국제회의를 거치면서 고정형과 이동형의 해양관측 시스템에 대한 논의가 계속 이루어졌고, 결국 2000년에는 국가과학위원회(National Science Board)에서 해양주도(OOI) 프로그램을 미 과학재단(NSF)의 주요 연구장비 및 시설건설 프로젝트(Major Research Equipment and Facility Construction, MREFC) 예산에 반영하게 되었다. 이 주요 연구장비 및 시설건설 프로젝트는 미 의회에서 조성하기로 결의한 특별기금으로 그 분야의 기본 프로그램들에 영향을 미칠 만큼 연구비 규모가 매우 큰 프로젝트들을 지원하기 위한 것으로서 미 과학재단 연간 예산의 10% 이상을 연구비로 필요로 하는 경우에만 지원 가능하며[10], 이 예산은 일반 미 과학재단 예산과는 별도로 관리된다.

미 국가과학위원회의 예산 반영 승인 이후 그 계획을 위한 중점 노력이 가능해졌다. 2003년과 2004년에 중요한 보고서들[11]을 통해 과학적인 해양관측의 중요성이 강조되었고, 국가 과학기술 위원들은 '다음 십 년을 위한 미국의 해양학 방향성을 제시하는 보고서'[12]에서 해양 과학의 계획과 실행 전략을 강조하였는데, 이를 통해 가까운 미래 미국의 국익을 위한 우선순

Part 1. 동태평양 해양관측 수사

---

10   http://cosmology.berkeley.edu/DUSEL/Town_meeting_DC07/talks/saturday/Coles_071103.pdf

11   이 자문 보고서들은 즉각적이고 올바른 결정을 내리기 위해 지속적으로 연구되어야 하는 몇 가지 핵심 분야를 강조하였다. 전 지구적이고 지역적인 기후변화와 그 영향, 해안의 위험, 생태계 기반의 경영, 바다와 인간 건강의 관계 등이 위원회의 특히 중요한 권고 사항으로 쟁점이 되었는데 이는 지속 가능하고 연구에 기반한 해양관측 능력에 대한 필요성을 보여주고 있다.

12   2006년 해양과학기술에 대한 National Science and Technology Council's Joint Subcommittee는 '다가오는 10년 미국을 위한 해양 과학의 나아갈 길: 해양 연구 우선 순위 전략 보고서(An Ocean Research Priorities Strategy document)'를 작성하였다. 이 보고서는 중요한 바다 작용에 대한 현재 우리의 이해도를 향상시키고 책임 있는 해양환경의 사용을 가능하게 하기 위한 연구 투자의 뼈대를 제공하고 있다. 이 보고서는 또한 세 가지 중요한 요소를 제안하고 있는데 그중 하나가 연구와 관리를 위한 해양관측이다.

위가 해양관측주도 프로그램과 부합됨을 보여주게 되었다. 해양학 협동기관들(Joint Oceanographic Institutions, JOI)은 2004년에 미 과학재단의 해양분과와 협의하여 이 프로그램을 심도 있게 계획하기 위한 사무소를 세우고[13], 2005년에는 광범위한 개념연구를 위해 제안서들을 요청하여 48개의 실험설계 방안들이 신청되었는데, 여기에는 550명의 연구원과 130여 개의 연구소, 연구기관들의 노력이 담겨 있는 것이었다.

해양학 협동기관들은 여섯 개의 위원회를 새로 구성하여 여러 프로그램 활동에 가이드라인과 개념적 네트워크 설계(Conceptual Network Design, CND)를 제시하였고, 2006년 3월에는 잠재 프로그램 참가자들이 워크숍을 통해 검토되었다. 2006년 8월에는 미 과학재단이 이 프로그램의 과학적 목표와 장점들, 제안된 관측시설의 실현 가능성과 예산, 운영 및 관리 계획, 교육과 홍보 활동 등을 평가하기 위한 공식 개념 설계 검토를 회합하였다. 이 보고서에서 20명의 모든 패널 과학자들은 이 프로그램이 다가오는 10년의 해양학 연구를 변화시키고 개념적 네트워크 설계가 해양관측주도 프로그램의 네트워크를 개발하는 데 좋은 시작점이 될 것임을 믿어 의심치 않았다.

2007년 3월에는 해양학 협동기관들이 학계로부터의 품평을 받기 위해 개

해양과학의 최근 동향

---

13 2004년 NSF 해양 과학 분과는 OOI 프로젝트의 더욱 심도 있는 계획을 위해 두 개의 독립된, 그러나 서로 보완적인 두 개의 그룹-해양연구와 교육을 위한 컨소시엄(Consortium for Ocean Research and Education, CORE)과 해양학 협동기관들(Joint Oceanographic Institutions, JOI)- 간의 공동기관을 설립하였다. 그 후 이 프로그램 사무실은 온전히 JOI로 변경되었다가 2007년 해양 리더십을 위한 컨소시엄(Consortium for Ocean Leadership, COL)을 설립하기 위해 해양연구와 교육을 위한 컨소시엄과 합쳐졌다. 2005년 OOI 프로젝트 사무소는 과제 제안서 공고를 내어 프로그램 네트워크 설계를 개발하기 위한 해양학계의 도움을 구했다. 549명의 연구원들이 137개의 연구기관과 35개의 정부산업기관으로부터 총 48개의 제안서들이 제출되었고, 동료 해양과학자들에 의해 검토되었다.

정된 개념적 네트워크 설계를 공개했다. 그 이후 해양관측주도 프로그램의 네트워크를 위한 설계에는 더욱 세부적인 공학 비용 추정치, 위험도 평가, 예산 계정에 요구되는 긴급사태 대책 등에 관한 수정사항이 반영되었다. 외부 검토의 한 부분으로 미 과학재단에서는 2007년 10월 두 번째 과학자 심사 패널을 회합하였다. 이는 프로그램 네트워크 설계와 해양 과학에 새로이 기여할 수 있는 역량을 다시 평가하기 위한 것이었다. 이 패널은 프로그램이 광범위한 학제 간 연구의 다양한 과학적 과제들에 기여하고 현재의 과학기술로는 설명할 수 없는 많은 문제들에 답할 수 있는데 도움을 줄 것으로 내다봤다. 또한 설계, 관리 · 경영, 대중과의 소통 등 여러 권고 사항들도 제안하였다. 2007년 12월과 2008년 11월에 예비설계검토(Preliminary Design Review, PDR)와 **최종설계검토**(Final Design Review, FDR)를 거쳐 기술적인 준비, 비용과 일정에 대한 준비 등의 면밀한 검토가 이뤄지며, 심사 패널에서 최종적으로 준비가 충분하다고 평가된 후인 2010년 7월에야 비로소 프로그램 건설 시작이 권고되었다. 그 이후 미 과학재단 내부에서 광범위한 토론이 있었는데, 이 토론에서 반드시 긴급한 기후변화의 과학적 연구에 초점을 맞추어야 한다는 점이 강조되었다. 기후변화, 해양산성화와 탄소순환, 해양탄소격리[14], 연안 해양생태계 등의 중요성을 더 강조하게 되면서, 2009년 3월에는 최종설계 변화를 다시 평가하였고, 심사패널은 제안된 비용과 일정으로 성공적인 실행이 이루어질 수 있다는 높은 자신감을 표명했다. 비록 미 과학재단이 다시 소집한 과학심사 패널에서는 추가된 기반시설에 대한 지지와 축소된 부분에 대한 일부 우려도 있었으나 전반적으로 지구과학 및 해양학계를 위해 크게 기여할 것으로 전

---

14   탄소 격리는 각종 산업 활동을 통해 배출되는 이산화탄소를 직접 모아 탄산염 등 적당한 담체나 지하의 특정 공간에 저장하는 것을 말하는데, 해양에 저장하는 방식을 해양탄소 격리라 한다.

망되었고, 미 과학재단에서는 다시 여러 번의 검토를 거쳐 2009년 9월 최종 계약서에 서명하고, 해양관측주도 프로그램의 건설 진행이 시작되었다. 2013년 현재 미 과학재단에 의해 현재 승인되어 있는 예산은 원화로 약 3,640억 원에 달하며, 안정된 운영과 유지를 위해 해마다 500억 원 정도의 소요가 예상되고 있다.

기록된 문서들이 보여주듯이 해양관측주도 프로그램의 기반은 주요 연구장비 및 시설건설 프로젝트 정책에 따라 개개인의 연구자들이 독립적으로 관측 장비와 실험들을 추가할 수 있도록 설계되었다. 2004년 이전에는 당시 주요 연구장비 및 시설건설 프로젝트 정책의 해석에 따라 주로 과학적인 관측 장비보다는 시설 건설에 보다 초점을 맞추었다. 그러나 과학적 관측 장비를 해양관측주도 프로그램에 추가함으로써 학제 간 융합 과학 연구에 크게 기여할 수 있다는 인식이 생기면서 이 프로그램은 핵심 센서의 개념과 초기에 가능한 과학과 미래 가능성 사이에 균형을 맞추는 안내 원칙에 대한 논의를 시작했다. 현재의 설계에서도 여전히 오늘날 우리가 상상하기 힘든 새로운 관측 기기를 이 프로그램의 플랫폼에 누구나 적용할 수 있게 한다는 기본원칙에 변함이 없다. 이러한 목표를 달성하기 위하여 이 프로그램은 아직까지 누구도 하지 않은 독창적인 실험을 위한 학계의 관심과 기여에 크게 의존하고 있다.

이 프로그램을 실제로 진행할 팀으로는 2007년에 설계 과정에서 주요 파트너로 참가한 4개의 기관들이 선정되었다. 지역 규모 관측을 위한 실행 기관으로는 워싱턴대학교가, 사이버 기간 시설을 위한 실행 기관으로는 샌디에이고주립대학교가, 연안 규모와 전 지구 규모의 관측을 위한 실행 기관으로는 스크립스 해양연구소와 오리건주립대학교를 두 개의 컨소시엄 파트너로 하여 우즈홀 해양연구소가 선정되었다. 마지막 네 번째 실행 기관인 러트거스대학교(Rutgers, 뉴저지주립대)는 2011년에 선정되었는데, 교육과 일반 대중을 위한 소프트웨어 개발을 위한 것으로 역할이 주어졌다.

그림 1-6 OOI 프로그램 개발 이정표(illustrated by Jennifer Matthrew, Source : 스크립스 해양연구소)

동태평양
해양생태계

- 해양산성화
- 해양빈산소화
- 기후변화 효과와
  해양생태계 복원 노력

"만일 환경을 파괴한다면 우리는 사회를 형성하지 못할 것이다

(We won't have a society if we destroy the environment)."

- 마가렛 미드(Margaret Mead)

Part 2. 동태평양 해양생태계

푸른행성지구 시리즈 1편[15]에서부터 소개한 바 있지만 인류의 급격한 온실기체 배출로 인한 지구온난화와 해수면 상승, 해양산성화(Ocean Acidification), 해양빈산소화(Ocean De-oxygenation)와 같은 오늘날의 전반적인 지구환경변화와 거대한 플라스틱 쓰레기더미, 동일본 지진으로 인한 후쿠시마 원전 사고의 방사능 유출, 멕시코 만의 기름 유출과 같은 자연재해 등으로 인한 지구환경의 심각한 오염은 해양생태계를 심각하게 위협하고 있는 중이다.

유엔(United Nation, UN) 산하 해양전문가 그룹에서 최근 공동으로 발표한 보고서에는 "30년 내에 해양생태계가 붕괴될 수도 있다"는 결론을 제시하고 있을 정도로 해양생태계는 여러 가지 위협에 빠르게 반응하고 있다. 6개국 18개 기관에서 총 27명의 해양과학자들이 수백 편의 논문들을 종합, 검토하여 작성된 이 보고서에 따르면, 해양산성화와 해양빈산소화, 수온 상승, 해빙, 오염증가 등의 환경파괴 요인들이 서로 상승작용을 일으키면서 과거 해양생명체의 대량 멸종 시기와 비슷한 상황으로 급속히 변하는 중이며, 현재의 해양생태계 붕괴 속도는 2~3년 전에 예측했던 최악의 시나리오보다도 더 빠르다고 한다.

여기서는 해양산성화 및 해양빈산소화 문제처럼 전 지구적 해양환경의 변화가 동태평양에서는 어떻게 진행되고 있으며, 동태평양 해양생태계에 어떠한 위협이 되고, 또 해양생태계를 복원하기 위해 현재 어떠한 노력들이 기울여지고 있는지 소개하려고 한다.

동태평양, 과학이 큰 항해하다

---

15   남성현(2012), 바다에서 희망을 보다, 이담북스, 116쪽.

해양산성화

인류의 급격한 온실기체 배출은 지구온난화와 함께 '해양산성화(Ocean Acidification)'라는 또 다른 작품을 만들어 내었다. 화석 연료 사용으로 인해 대기 중의 이산화탄소 농도가 급격하게 증가하면서 이 중 상당 부분(약 1/3 정도)이 매해 지구 표면의 70%를 차지하고 있는 바닷속으로 녹아들고 있다. 그리고 이에 따라 바닷물의 탄소 농도도 증가하고 pH가 지속적으로 낮아지면서 해양산성화가 진행되고 있다. 대기 중의 이산화탄소(CO_2)가 바닷물(H_2O) 및 탄산염(carbonate ion; CO_3^{2-})과 반응하면 중탄산염(bicarbonate ions; $2HCO_3^-$)을 만들게 되며, 이 과정에서 바닷물의 산성도는 높아지게 된다. 계속해서 대기 중의 탄소 농도가 증가하면 점점 더 많은 탄소가 바닷물에 녹으면서 해양산성화가 가속화될 것으로 보인다. 이렇게 되면 중탄산염 형성은 늘어나고 반대로 탄산염 농도는 떨어져 조개류 등의 껍질이나 산호의 골격을 형성하는 탄산염을 충분히 공급받지 못해 산호나 조개류의 감소가 일어나게 되며, 해양생물의 어린 유생 형성과정과 동물 플랑크톤의 성장 등에도 문제가 될 수 있다. 매우 안정된 pH 환경에서 살아왔던 해양생물들에는 이 같은 pH 감소가 생명을 위협할 수도 있는 중요한 스트레스 요인이 되는 것으로 알려져 있다. 해양산성화 문제는 식물·동물 플랑크톤으로부터 시작해서 산호와 조개류 등 석회질로 구성된 해양생물들의 성장은 물론 해양생태계 먹이사슬 전체에 영향을 미치기 때문에 우리 인류의 생존과 번영을 위해서는 이에 대한 연구가 필수적이라고 할 수 있다. 전 지구적인 온실기체 농도의 증가에 대해서는 이미 푸른행성지구 시리즈 1편[16]에서도 소개한 바 있지만 대기 중 이산화탄소 농도를 1958년 3월

---

16   남성현(2012), 바다에서 희망을 보다, 이담북스, 116쪽.

부터 측정해오고 있는, 지구상에서 가장 오래 축적된 하와이 마우나로아 (Mauna Loa) 관측소의 자료를 보면 그 뚜렷한 증가를 잘 확인할 수 있다(그림 2-1). 관측 초기의 1960년대에만 하더라도 320ppm 수준에 머물던 이산화탄소 농도는 현재(2013년 8월 기준) 395ppm을 초과하여, 금세기 중반까지 500ppm, 금세기 말까지 800ppm 수준으로 계속 증가할 것이라고 내다보고 있다. 바로 인근 바다의 알로하(Aloha) 관측소에서 측정된 해양 자료와 비교해보면 이러한 대기 중 탄소 농도 증가에 비례하여 해양의 이산화탄소 분압도 함께 증가해 왔고, 이에 따라 해양의 pH는 지속적으로 감소하여 1990년대 초의 8.10 이상 수준으로부터 오늘날의 8.08 이하 수준으로 낮아졌음을 알 수 있다(그림 2-2). 이러한 해양의 pH 분포는 공간적으로도 차이를 보여서, 1990년대 하와이 부근에서는 8.10 정도의 연평균 표층 pH 값을 가졌지만(파란색 계열) 적도태평양과 동태평양처럼 이보다 더 낮은(8.05 이하의) 연평균 표층 pH를 보이는 해역도 존재했다(보라색 계열, 그림 2-3). 이 같은 해표면의 pH 분포는 바다와 대기 사이의 이산화탄소 교환과도 밀접한 관련을 가지며, 이것은 또 해상풍과 역동적인 해양 상층부의 다양한 해양 과정들의 영향을 받아 시시각각 변화할 수 있기 때문에 지속적인 모니터링이 중요하다.

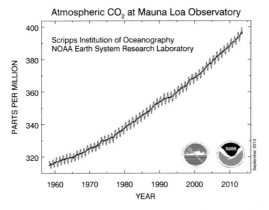

그림 2-1 미국 하와이 마우나로아 관측소에서 1958년 3월 이후 측정되어 온 대기 중 이산화탄소 농도. 미 스크립스 해양연구소 찰스 데이비드 킬링 박사(Dr. C. David Keeling)가 미 국립해양기상청 시설에 관측을 시작한 이래[17], 1974년부터는 해양기상청 자체적으로도 이산화탄소 측정을 병행하고 있다. 그래프에서 붉은색은 측정된 이산화탄소 농도를 ppm 단위로 나타낸 것이며, 검은색은 여기서 계절적인 변화 부분을 제거한 자료이다. 계절적인 증감 변동폭보다 훨씬 큰 폭의 장기적 상승 추세가 있음을 쉽게 알 수 있다[출처: 미 국립해양기상청(NOAA) 지구시스템 연구소(ESRL)[18]].

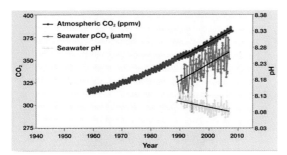

그림 2-2 미국 하와이 마우나로아 관측소에서 측정된 대기 중 이산화탄소 농도와 하와이 해양 시계열 정점 ALOHA에서 관측된 이산화탄소 분압 및 pH를 비교한 그래프. 대기 중 이산화탄소 농도가 증가하면서 해양의 이산화탄소 분압도 증가했고 해양의 pH는 감소해왔다[출처: 미 해양기상청 수정-원본: Feely, 2008[19]].

---

17   이 때문에 이 그래프는 "킬링곡선(Keeling Curve)"으로 불린다.

18   미 해양기상청(NOAA; National Oceanic and Atmospheric Administration) 지구시스템 연구소(ESRL; Earth System Research Laboratory), global monitoring division 페이지(http://www.esrl.noaa.gov/gmd/ccgg/trends/)

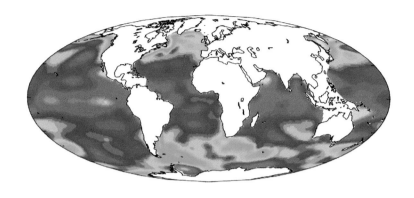

Present day sea-surface pH [−]

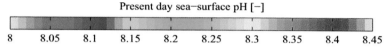

8   8.05   8.1   8.15   8.2   8.25   8.3   8.35   8.4   8.45

그림 2-3 1990년대 연평균 해표면 pH 분포도. 세계해양 아틀라스 2005(World Ocean Atlas 2005, WOA 2005)의 수온, 염분 자료와 전 지구 해양 자료 분석 프로젝트(Global Ocean Data Analysis Project, GLODAP)의 용존무기탄소(dissolved inorganic carbon)와 알칼리도(alkalinity) 자료를 사용하여 추정[출처: 위키피디아[20]]

동태평양, 깊하으로 항해하다

미국에서는 이 같은 해양산성화 문제의 심각성을 인식하고 2009년 법적 · 제도적으로 해양산성화에 대한 조사와 연구를 하도록 연방 해양산성화 연구 및 감시(Federal Ocean Acidification Research and Monitoring Act)[21]라는 법안을 제정하였는데, 미 국립해양기상청은 이 법안을 근거로 해양산성화 프로그램을 시작할 수 있었다. 해양산성화 연구를 위한 통합위원회가 만들어져서 전략연구계획을 수립하고, 미 해양기상청의 태평양 해양환경 연

19   Feely, R.A. 2008. Ocean acidification. Pp. S58 in *State of the Climate in 2007*. D. H. Levinson and J. H. Lawrimore, eds., Bulletin of the American Meteorological Society 89(7). Available online at: http://www.ncdc.noaa.gov/oa/climate/research/2007/ann/bams/chapter-3-oceans.pdf

20   http://en.wikipedia.org/wiki/File:WOA05_GLODAP_pd_pH_AYool.png

21   http://www.gpo.gov/fdsys/pkg/PLAW-111publ11/pdf/PLAW-111publ11.pdf

구소(Pacific Marine Environemental Laboratory, PMEL)와 대서양 해양기상연구소 (Atlantic Oceanographic and Meteorological Laboratory, AOML)를 중심으로 해양산성화 조사를 현재까지 계속 진행 중이다. 그림 2-4는 미 해양기상청을 중심으로 진행 중인 해양산성화 프로그램의 주요 관심 해역과 모니터링 및 분석 전략을 보여준다. 동태평양을 포함한 미국 연안역을 대상으로 해양산성화 모니터링과 조사를 위한 계획이 수립된 것을 알 수 있다.

특히 동태평양에서는 심해의 차가운 해수가 연안의 표층으로 올라오는 용승 현상이 두드러지는데, 동태평양 인근 심해의 차가운 해수는 pH가 매우 낮은(7.75 이하) 상태여서 용승이 일어나는 과정에서 연안 생태계를 크게 교란하는 일이 발생하기도 한다. 2011년 11월 21일자 인바이런먼트 (Environment 360)의 한 기사[22]에 따르면 오리건 네타르츠만(Netarts Bay)에서 2006년부터 2008년 사이에 대부분의 굴 유생들이 폐사한 사건의 원인이 조사결과 해양산성화 때문으로 밝혀졌다고 한다. 미국 서해안에서 굴 산업은 3,000명을 고용하고 2,000억 원 이상의 연간 경제효과를 가질 정도로 지역 경제에서 중요한 산업임을 생각할 때 이것은 해양산성화의 피해를 체감하기에 충분한 사건으로 본다.

미 해양기상청(NOAA) 태평양 해양환경연구소(PMEL)의 2007년 동태평양 해역 항해 탐사 결과는 캐나다에서부터 멕시코에 이르는 광범위한 서부 연안 동태평양 전역에 걸쳐 산성화된 해수의 연안용승 효과를 여실히 보여주는 것이었다. 이 연구소 소속의 리처드 휠리 박사(Dr. Richard A. Feely)에

---

22   http://e360.yale.edu/feature/massive_oyster_die-offs_show_ocean_acidification_has_arrived/2466/

따르면 pH가 매우 낮고, 용존무기탄소(Dissolved Inorganic Carbon) 농도가 높으며, 이산화탄소 분압이 매우 높은 심해의 해수가 연안용승으로 인해 수심 40~120m의 천해역까지 이르게 되었다[23]. 이러한 심해의 해수는 굴 유생에 필수적인 탄산칼슘의 일종인 아라고나이트(aragonite)에 대해서도 불포화되어 있기 때문에 굴 유생 폐사의 직접적인 원인이 될 수 있다고 한다.

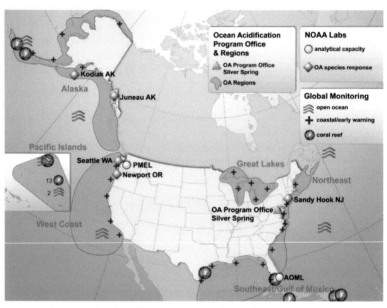

그림 2-4 미국의 해양산성화 연구 전략[출처: 미 국립해양기상청 태평양환경 연구소(PMEL ; Pacific Marine Environmental Laboratory)[24]]

동태평양, 과학으로 항해하다

---

23   Feely, R. A., C. L. Sabine, J. M. Hernandez-Ayon, D. Ianson, and B. Hales (2008), Evidence for upwelling of corrosive "acidified" water onto the continental shelf, *Science*, 320, 1490-1492, doi:10.1126/science.1155676.

24   http://www.pmel.noaa.gov/co2/story/Open+Ocean+Moorings, http://www.pmel.noaa.gov/co2/story/West+Coast+cruise+2011

오늘날 우리가 배출하고 있는 이산화탄소 양은 시간당 1백만 톤이 넘는 양인데, 1/3 정도가 바다로 흡수되어 바다를 산성화시키고 있고, 섬세한 지화학적 균형을 이루는 근간을 바꾸고 있는 것은 더 이상의 의심의 여지가 없다. 다만 바닷속에 사는 생명체들이 어떻게 이러한 영향을 받게 될지에 대한 연구는 이제 걸음마 단계라고 할 수 있다. 이산화탄소가 해양 환경과 해양생태계에 미치는 영향을 연구하기 위해 몬트레이만 수족관 연구소(MBARI) 연구진(Drs. Peter Brewer와 Jim Barry 주도)은 FOCE(Free Ocean CO_2 Enrichment)라고 불리는 시스템을 이용한 메조코즘 실험[25]을 주도하고 있다. 그들은 2005년에 개발했던 원형을 다시 설계하여 2008년 이후 핵심 종의 초기 생명활동에 중점을 두고 연구를 진행 중이다. 이러한 현상의 경제적 충격은 지구온난화에 덧붙여질 것이고, 수산업과 관광 산업(예: 산호에 미치는 영향) 등에서 매우 복잡한 여러 가지 방식으로 나타날 것이다.

이 실험 개념은 2004년 과학자와 공학자 간의 논의와 매우 단순한 스케치에서 시작되었다. 2005년에 그 원형이 개발되었고 같은 해 첫 번째 성공적인 실험이 있었다. 2006년과 2007년에는 실제 바다의 수온, 기압, 염분 등의 효과를 보기 위해 직접 바다에 나가 실험하는 것에 중점을 두었다. 기존 수조 실험에서는 생태적인 복잡성을 줄인 인위적인 환경이어서 생물의 반응을 제대로 보기 어려운 한계가 있었고, 또한 물의 흐름이나 빛, 수온, 수질 등 여러 가지 조건이 실제 바다와는 다르기 때문에 실험을 해석하는 데에도 어려움이 있었다. FOCE 실험에서는 pH를 낮추기 위해 이산화탄소 농도가 높은 물을 주입하는 등 실제 바다에서 이산화탄소를 증

---

25   실제 해양환경을 일부를 가져와 재현하여 제어 가능하게 만든 실외 실험 시스템, http://en.wikipedia.org/wiki/Mesocosm

가시켰을 때 어떤 반응이 나타나는지 등의 연구를 가능케 하였다.

이처럼 이산화탄소 증가에 따른 또 하나의 환경문제인 해양산성화는 동태평양을 비롯한 전 세계 바다의 해양생태계에 심각한 영향을 미칠 수 있기 때문에 해양산성화의 진행에 대한 모니터링과 함께 그 생태계 영향을 파악하기 위한 많은 연구들이 필요하며 몇몇 중요한 연구들이 시작 단계에 와 있다. 오랜 지질학적 역사를 통해 해수의 pH가 계속 변화해 온 것은 사실이지만 그 변화는 현재 우리가 겪고 있는 엄청난 산성화에 비할 바가 아니다. 미 우즈홀 해양연구소(Woods Hole Oceanographic Institution)의 스콧 도니 박사(Dr. Scott Doney)는 잘 알려진 탄산칼슘 불포화와 석회질 골격 형성 과정의 어려움뿐만 아니라 탄소 고정률의 증가 등 아직 잘 알려지지 않은 여러 효과들도 있음을 보고했는데, 스콧 도니 박사는 그가 이끈 2009년 논문[26]에서 다음과 같이 요약하고 있다.

첫째, 인간의 화석 연료 사용 등으로 인한 이산화탄소 방출량의 1/3 정도를 흡수하면서 바다의 산도(pH)는 감소하고 있으며, 이것은 해수의 탄소화학에 심대한 변화를 가져오고 있다. 둘째, 관측 자료들은 해수의 탄산염 이온과 탄산칼슘 포화 상태의 저하를 보이고 있는데, 이산화탄소 방출량이 극적으로 줄어들지 않는 한 그 변화율은 증가할 것이다. 셋째, 해양생물들은 전반적으로 해양산성화의 직접적인 영향을 받게 될 텐데, 생물종에 따라 그 반응에 희비가 교차할 것으로 보인다. 넷째, 현재까지 대부분의 연구들은 실험실에서 이루어진 단기간의 실험이나 메소코즘 실험에 근거하고 있으며, 각각의 유기체 · 개체군 · 군집 등이 실제적인 점진적

26   Doney, S. C., V. J. Fabry, R. A. Feely, and J. A. Kleypas (2009), Ocean Acidification: The Other CO$_2$ Problem, Annual Review of Marine Science 1, 169-192, DOI: 10.1146/annurev.marine.010908.163834.

동태평양, 과학으로 항해하다

변화에 어떻게 반응할지는 거의 알려진 바가 없다. 다섯째, 증가하는 이산화탄소가 생물군에 미치는 영향은 광범위한 양상을 보일 것이며 생태학적으로 승자와 패자가 갈릴 것이다. 여섯째, 해양산성화는 추적자 금속들과 원소들, 용존 무기물 등 해수의 화학종 형성뿐만아니라 탄산칼슘 · 유기탄소 · 질소 · 인 등 생지화학적 역학에도 영향을 미칠 것이며, 해양생태계의 근본 작용에 영향을 미쳐 바다 전체의 미래를 위협할 수 있다. 일곱째, 이산화탄소 방출량을 줄이지 않고 성층권 에어로졸 주입과 같은 기술[27]로는 해양산성화를 해결할 수 없다.

해양빈산소화

푸른행성지구 시리즈 1편[28]에서도 소개한 것처럼 우리가 숨을 쉬기 위해 필요한 산소의 절반 이상이 바다에 살고 있는 매우 작은 식물성 플랑크톤으로부터 만들어지고 있다. 그런데 지구온난화에 의한 해양의 온난화와 상층 해양의 강화된 성층화 조건은 바다의 산소 농도를 감소시키고 있다. 스크립스 해양연구소(Scripps Institute of Oceanography) 소속 랄프 킬링 교수(Prof. Ralph Keeling)의 최근 연구결과에 따르면 다음 세기에 걸쳐 해양의 산소 농도가 1~7% 감소될 것이라고 한다. 이 결과로 산소최소층(Oxygen Minimum

---

27 지구공학 기술 중 하나로 성층권에서 황의 에어로졸 층을 만들어 대기에서 받는 태양방사선을 흐트러뜨리기 위해 고안된 방법이다. 보다 많은 방사선이 에어로졸에 의해 성층권에서 흩어지면, 낮은 층의 대기인 대류권에 의해 덜 흡수된다. 1991년 필리핀의 피나투보 산의 화산 폭발은 대량의 미립자와 이산화황을 대기 속에 축적시켰다. 이 에어로졸 층은 그 후 몇 년간 전 세계 평균 기온을 약 0.5도 낮춘 것으로 보고되었다. 이와 같은 인공적인 에어로졸 층을 생산하려면 황 미립자를 대포로 성층권으로 쏘아 올리거나, 풍선이나 기타 비행기구에서 살포함으로써 실행할 수 있다(출처: Daum 백과사전).

28 남성현(2012), 바다에서 희망을 보다, 이담북스, 116쪽.

Zone)[29]의 면적과 부피가 확장하고 있으며 지난 50년 동안 동태평양을 비롯하여 북태평양과 적도태평양 전체적으로 빈산소화(deoxygenation)가 진행되어 왔다(Keeling et al., 2010[30]). 해양생물들의 빠른 대사활동을 위해 필수적인 산소 농도의 이 같은 지속적 감소는 여러 어종의 멸종까지 가져올 수도 있는 매우 심각한 위협이기 때문에, 이러한 해양빈산소화 문제는 지구온난화 및 해양산성화와 더불어 죽음의 트리오로 불리는 해양생태계의 주요 위협 요소 중 하나로 꼽힌다. 특히 전 세계 바다 중에서 가장 넓은 산소최소층이 분포하고 있는 동태평양에서는 연안 대륙붕 해역으로까지 이러한 저산소의 해수가 용승하면서 연안 해양생태계 파괴까지 종종 일어나고 있기 때문에 산소 모니터링 시스템의 구축이 요구되며 이와 관련된 연구들이 활발히 진행 중에 있다.

과학자들이 지구온난화가 해양의 산소 분포에 심각한 영향을 미칠 수 있다는 점을 알아내기 시작한 것은 불과 1990년대 후반의 일이다. 따라서 해양빈산소화에 대한 연구는 아직 초기 단계로 현재까지 밝혀진 바가 그리 많지 않은 편이다. 그럼에도 불구하고 여러 증거들은 해양의 용존산소에 심각한 변화가 일어나고 있음을 명백히 보여주고 있다. 가장 뚜렷한 증거이자 눈에 띄는 변화는 열대태평양과 열대대서양의 산소최소층 내에서 볼 수 있다. 독일 킬대학의 로타 스트람마 박사(Dr. Lothar Stramma) 등의 연구에 따르면 열대 동대서양(tropical eastern Atlantic)과 열대 동태평양(tropical eastern Pacific)의 중층 수심(300~700m 수심)에서는 해수의 용존산소 농도가 지난 50

29   해수 중의 산소 포화 농도가 최소인 영역으로 일반적으로 수심 200~1,000m 사이에 분포하지만, 해역에 따라 그 분포 수심이 변화한다. http://en.wikipedia.org/wiki/Oxygen_minimum_zone

30   Keeling, R. F., A. Körtzinger, and N. Gruber (2010), Ocean deoxygenation in a warming world, Annu. Rev. Mar. Sci., 2, 199-229, doi:10.1146/annurev.marine.010908.163855.

년 동안 해마다 해수 1kg당 약 0.09~0.34마이크로몰의 비율로 감소해 왔다(Stramma et al., 2008[31]). 동태평양 연안용승 해역에서 상대적으로 빠르게 나타나고 있는 용존산소 농도의 감소는 해양생물들의 서식지와 수산산업에 심각한 위협으로 대두되고 있다.

대부분의 유기체는 충분한 산소가 있는 한 산소 농도에 크게 반응하지 않다가 산소 농도가 어떤 한계 이하로 떨어질 때, 다양한 스트레스를 받으며 비선형적으로 반응하는 것으로 알려져 있다. 산소 농도가 낮은 상태의 환경에 오래 머물게 되면 유기체는 궁극적으로 죽음을 맞게 되는데 이런 조건을 빈산소(hypoxic) 환경이라고 부르며, 일반적인 한계점은 60마이크로몰/kg이다. 이보다 더 낮은 산소 농도를 가지는 환경에서는 실질적으로 많은 해양생물들이 생존하기 어렵기 때문에 죽음의 바다 혹은 데드존(dead zone)이라고도 불린다. 매우 낮은 산소 농도가 되면 생화학적인 사이클에도 큰 변화가 나타나는데, 특히 용존산소 농도가 1kg당 5마이크로몰 이하로 낮아지면 질소가 호흡에 매우 중요한 요소로 작용하기 시작한다. 죽음의 바다는 폐수 방류 등의 인간활동에 의한 연안오염을 직접적인 원인으로 형성되기도 하지만, 동태평양 연안 등에서는 지구온난화와 해양빈산소화 등 변화된 기후로 인한 자연적인 원인으로 형성되기도 하므로 특별한 주의와 연구가 필요하다. 미래의 용존산소 수준을 예측하기 위해 해양관측 시스템과 모델 기술을 개발하고 관련된 기작을 연구하는 것은 광범위한 해양학 전반의 발전을 필요로 하기 때문에 단기간에 달성하기는 어렵다. 또, 이러한 해양빈산소화는 전반적인 이산화탄소 농도의 증가와 앞

---

31   Stramma, L., Johnson, G.C., Sprintall, J. and Mohrrholz (2008). Expanding oxygen-minimum zones in the tropical oceans. *Science*, 320: 655-658.

에서 다룬 해양산성화 등과도 연결되며, 미래의 해양빈산소화 위협을 다루기 위해서는 해양물리 · 해양화학 · 해양생물 · 해양지질 등 해양학 전반에 걸친 총체적 연구가 필요하다. 해양의 용존산소 농도가 왜 변하고 있는지, 그리고 어떻게 변하고 있는지 등을 연구하는 것은, 영양염 순환과 관련하여 해양에서 얼마만큼의 이산화탄소를 흡수할 수 있을지에 대한 이해 또한 향상시킬 것이다.

미 해양기상청(NOAA) 남서부수산과학센터(Southwest Fisheries Science Center)의 스티븐 보그라드 박사(Dr. Steven J. Bograd)는 지난 1984년부터 2006년까지 캘리포니아 협동해양수산조사(CalCOFI) 프로그램을 통해 동태평양 연안에서 수집된 자료를 분석하여 캘리포니아 해류 시스템 남부 용존산소의 시공간 변동성을 연구하였다. 그는 캘리포니아 협동해양수산조사 전체 영역에서 해마다 해수 1kg당 최대 2.1마이크로몰의 비율로 용존산소 농도가 감소해 왔음을 발견했다(Bograd et al., 2008[32]). 특히 앞에서 언급한 로타 스트람마 박사의 연구결과보다 동태평양연안에서는 훨씬 더 빠르게 용존산소의 감소가 진행되고 있는 점을 알 수 있다. 이러한 용존산소 농도의 감소는 수온약층[33] 아래의 깊은 바다에서 더 두드러지며, 수심 300m의 경우 약 21%의 용존산소 농도 감소가 일어났다고 한다. 이에 따라 용존산소 농도가 빈산소(hypoxic) 환경의 일반적인 한계점인 60마이크로몰/kg이 되는 수심이 점차 얕아져, 1984년에 비해 2006년에는 최대 90m가 더 얕아진 결과를 보였고, 그림 2-5에서 볼 수 있는 것처럼 수심이 얕은 대륙붕과 연

32   Bograd, S. J., C. G. Castro, E. Di Lorenzo, D. M. Palacios, H. Bailey, W. Gilly, and F. P. Chavez (2008), Oxygen declines and the shoaling of the hypoxic boundary in the California Current, Geophys. Res. Lett., 35, L12607, doi:10.1029/2008GL034185.

33   바닷속 표층 고온에서 심층 저온으로 수온이 갑자기 변하는 구간을 의미한다.

안 해역에서 그 변화가 더 크게 일어나 연안 해양생태계에 향후 미치게 될 영향이 크게 우려되고 있다.

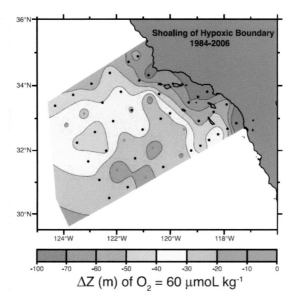

그림 2-5 동태평양의 캘리포니아 협동해양수산조사(CalCOFI) 자료로부터 계산한 1984년부터 2006년까지의 용존산소 농도 변화. 나타낸 그림은 빈산소(hypoxic) 환경의 일반적인 한계점인 60마이크로몰/kg 이 되는 수심의 변화로서, 음의 값은 수심이 얕아졌음을 뜻하며, 특히 연안 해역에서 그 수심이 큰 폭으로 얕아졌음을 알 수 있다[출처: Bograd et al. , 2008[34]].

기후변화 효과와 해양생태계 복원 노력

앞에서 살펴본 해양산성화와 해양빈산소화, 두 가지 이슈들은 모두 해양 생태계에 큰 위협 요소가 되었으며, 해양생태계의 안전성을 훼손할 수 있

34   Bograd, S. J., C. G. Castro, E. Di Lorenzo, D. M. Palacios, H. Bailey, W. Gilly, and F. P. Chavez (2008), Oxygen declines and the shoaling of the hypoxic boundary in the California Current, Geophys. Res. Lett., 35, L12607, doi:10.1029/2008GL034185.

는 것으로 인식되고 있다. 해양생태계의 붕괴를 막으려면 어떻게 해야 하는 것일까? 훼손된 해양생태계를 회복 또는 복원할 수 있는 방법은 없는 것일까? 이러한 질문들에 대한 대답은 현재 기후변화로 인해 해양생태계가 어떻게 변화하고 있는지에 대해 좀 더 잘 이해하는 것에서 출발할 수 있을 것이다. 스콧 도니 박사(Dr. Scott C. Doney)는 작년(2012년)에 출판한 "해양생태계에 미치는 기후변화 효과(Climate Change Impacts on Marine Ecosystems)"라는 제목의 논문[35]을 통해 기후변화로 인한 해양생태계 변화에 대한 연구 결과들을 다음의 7가지로 정리했다.

1. 대기 중 이산화탄소 농도의 증가는 대기와 해양의 기온/수온을 증가시켰고, 해수면을 상승, 해양의 성층강화, 해빙감소, 강수와 담수유입 및 바람 양상의 변화 등을 유발했다. 수온상승과 변화된 해양순환은 해수 중 용존산소 농도를 떨어뜨렸고, 대기 중 이산화탄소 농도 증가는 해양 산성화를 초래했다.

2. 지역 해양생태계는 화학비료 사용을 통한 오염수의 유입, 연안 및 해저 서식지 붕괴, 남획, 양식 증가, 외래종 유입으로 인해 위협받고 있다. 이러한 요소들은 복잡하게 상호작용하며 때때로 해양생태계에 다종의 스트레스를 동시에 가하기도 한다. 예를 들면 이산화탄소와 연관된 스트레스와 연관되지 않은 스트레스가 동시에 가해지는 것은 독립적으로 다뤄질 것이 아니라 동시에 함께 다뤄져야 할 것이다.

---

35   Doney, S. C., M. Ruckelshaus, J. E. Duffy, J. P. Barry, F. Chan, C. A. English, H. M. Galindo, J. M. Grebmeier, A. B. Hollowed, N. Knowlton, J. Polovina, N. N. Rabalais, W. J. Sydeman, and L. D. Talley (2012). Climate change impacts on marine ecosystems. Annual Review of Marine Science, 4(1), 11-37. doi: 10.1146/annurev-marine-041911-111611.

3. 기후와 이산화탄소 변화는 다양한 단계의 해양생물 조직과 기능에 영향을 미친다. 직접적인 온도와 화학적 효과로 조직 생리와 성질을 변화시킬 수 있고, 개체 수와 성장률, 계절 변화, 서식지 이동 등을 초래한다.

4. 변화된 생리학적 작용에 따라 경쟁, 포식, 질병 등 종들 사이의 상호작용 방식도 바뀌게 되어 결국 군집 단계에서도 기후변화의 효과가 나타난다. 기후변화로 인한 국지적인 침입과 소멸과 함께 이러한 과정들은 독특한 생태계를 출현시키는 등 군집구조와 다양성 자체를 변화시킨다.

5. 모든 생태계는 이산화탄소 농도 증가의 다양한 효과로부터 영향을 받지 않을 수가 없다. 극지 생태계는 해빙 감소와 극지로의 종 이동에 민감하고, 열대생태계는 미세한 수온 증가에도 산호와 조류가 민감하게 반응하기 때문에, 기후변화 효과는 특히 극지역과 열대 지역에서 두드러진다.

6. 캘리포니아 해류와 같은 중위도 용승 지역에서의 수십 년 기후 진동은 기후 강제력과 종 분포, 생물계절학, 인구통계학의 밀접한 관계를 보여준다. 이러한 관계는 캘리포니아 해류 등이 해양성층화, 용승 바람 응력, 분지규모의 순환을 아우르는 기후계의 지속적인 변화에 얼마나 민감하게 반응하는지를 잘 나타낸다.

7. 이산화탄소 농도 증가와 기후변화는 영양 단계 구조, 먹이망 역학, 에너지와 물질 및 생지화학 순환과 같은 집합적 기능 등 전반적인 생태계 특성을 변경시켜 결국 우리 인류와 사회가 의존하고 있는 생태계 서비스에 영향을 미치게 될 것이다.

이처럼 해양생태계는 기후변화에 우리가 생각했던 것보다 민감하게 반응해 왔고, 또 앞으로도 그럴 것으로 예상된다. 관련 연구결과들을 정리한 앞의 7가지 정리된 결론들은 역설적으로 그동안 우리가 얼마나 해양생태계에 대해 무지한 상태에 있었으며, 기후변화와 관련하여 앞으로 얼마나 많은 해양생태계 연구가 필요한지를 단적으로 보여주고 있다. 이 논문[36]에서 제시하고 있는 향후 기후변화 효과에 대한 해양생태계 이슈들은 다음과 같다.

1) 기후변화 효과가 해양의 자연적 변동 패턴과 해양생태계의 구조 및 기능에 미치는 영향, 2) 기후와 관련되었거나 무관한 스트레스들 사이의 상호작용에 따른 해양생태계의 반응, 3) 해양생태계 예측을 위한 해양생태계 상태 추정의 중요도, 4) 생리학적 수준, 개체 수준, 군집 수준 각각의 해양생태계 한계치 규정과 그 예측을 위한 결정적 정보, 5) 기후 스트레스들로부터의 복원과 적절한 관리를 위해 중요한 해양생태계 구조, 6) 기후변화로 인한 해양생태계 변화 비율을 조절하는 생물학적 순응과 적응의 역할, 7) 해양생태계의 구조와 기능에 영향을 미치는 기후변화 효과들이 가지는 사회적 상품들과 서비스 능력

기후변화 효과로 이렇게 위협받고 있는 해양생태계의 붕괴를 막고, 훼손된 해양생태계를 복원해 나가기 위해서는 어떤 점들이 필요하게 될 것인가? 서두에서 언급한 유엔 산하 해양전문가 그룹의 보고서에는 해양생태계의 붕괴를 막기 위해 **1) 이산화탄소 배출 억제, 2) 해양생태계의 구조**

36   Doney, S. C., M. Ruckelshaus, J. E. Duffy, J. P. Barry, F. Chan, C. A. English, H. M. Galindo, J. M. Grebmeier, A. B. Hollowed, N. Knowlton, J. Polovina, N. N. Rabalais, W. J. Sydeman, and L. D. Talley (2012). Climate change impacts on marine ecosystems. Annual Review of Marine Science, 4(1), 11-37. doi: 10.1146/annurev-marine-041911-111611.

및 기능 회복, 3) 사전 예방 원칙의 광범위한 적용, 4) 국가관할권이 미치지 않는 먼 바다에 대한 효과적인 관리체계 도입의 4가지 사항을 대안으로 제시하고 있다. 그중에서 특히 두 번째 대안과 관련하여 연안을 중심으로 생태계 복원사업들이 활발히 진행 중인데, 이것은 붕괴 위협에 있는 해양과 연안생태계를 둘러싼 문제들을 치유하고 지속가능한 해양생태계를 유지하기 위한 차원의 노력이라 보인다. 한국에서도 해양환경관리공단 등 유관기관들의 해양생태계 복원사업들이 진행 중이지만 미국의 경우 이미 30년 전부터 이런 연구가 진행되었고, 현재에는 해양대기청(NOAA)에서 지원하는 해양생태계 복원사업만 2,500여 개나 있을 정도로 해양생태계 복원사업이 매우 활발하다(그림 2-6).

미국은 해양대기청뿐만 아니라 심지어 환경부, 농림부, 내무부 산하의 기관들에서도 청수법안(Clean Water Act)이나 습지 복원·보전 프로그램 등을 통해 해양생태계 복원에 관련된 사업들을 진행 중이라고 한다[37]. 여기서 복원의 개념은 원래 서식처의 자연 재생, 연안 복원, 생태계 보전 등 분야별로 다양하게 쓰이고 있지만, 훼손된 기능을 원래 상태로 되돌리는 사전적 의미를 넘어서서 생태계를 보호하고 기능을 증진시키는 모든 활동을 포괄하는 광범위한 의미이다. 이를테면 하구복원법안(Estuary Restoration Act)에서는 훼손된 하구 서식지를 기능적으로 향상시키거나 창출하는 활동, 예를 들면 물리학적·화학적·생물학적·수문학적 요소들의 재확립, 외래생물종의 통제와 고유종의 이식 등등을 포함한다. 또, 연안습지 계획, 보호, 복원법안(Coastal Wetland Planning, Protection and Restoration Act)에서는 연안습지의 창출·복원·보호·기능 증진 등의 활동들을 다 포함하는 개

---

37   Aprilocean님의 블로그(http://blog.naver.com/aprilocean).

넘으로 복원을 의미하고 있다. 미국의 경우 유류 오염에 따른 복원사업을 제외하면 대체로 훼손된 생태계에 대한 복원과 생태적으로 좋은 상태에 있는 지역에 대한 보전 · 보호사업이 혼재되어 있으며 이들의 엄밀한 구분은 하지 않는다고 한다. 여기서는 해양대기청(NOAA)에서 지원하는 총 2,552개의 서식지 복원사업들 중에서 대표적인 동태평양 연안의 사업 2개(American Canyon Salt Pond Restoration, South San Diego Bay Restoration)에 대해서만 좀 더 자세히 소개하기로 한다.

동태평양, 자원의 항해하다

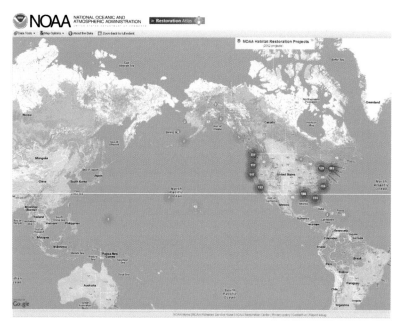

그림 2-6 미 해양기상청(NOAA)의 서식지 복원사업. 몇 개의 사업들이 진행 중인지를 숫자로 표시하고 있는데, 미 서부 연안에만 700개 이상, 총 2,552개의 복원사업들이 진행되었다[출처: 미 해양기상청(NOAA) 서식지 보호/복원 센터의 복원 지도(Restoration Atlas)[38]].

---

38   https://restoration.atlas.noaa.gov/src/html/index.html

아메리칸 캐넌 염전 복원사업(American Canyon Salt Pond Restoration)은 제방을 제거하고, 자연적인 조류 교환이 일어날 수 있도록 굴착하거나 고랑을 파는 등의 방법으로 1,135에이커(약 4.6km²) 면적의 조석 염습지 생태계를 회복시킨 대표적인 복원사업이라 할 수 있다. 2009년 8월 1일 혹은 그 이전부터 시작된 이 사업을 통해 여러 희귀종들이 돌아오는 등의 생태계 회복이 진행 중이며, 장기적으로 많은 유익을 가져올 것으로 기대된다. 캘리포니아 주정부와 미 해양기상청(NOAA)의 지원으로 덕스언리미티드(Ducks Unlimited, Inc.)라는 회사가 이 사업을 진행하였는데, 한때 캘리포니아 주재정의 위기로 인해 추가적인 지원이 어려워지기도 하였으나, 때마침 주어진 연방정부의 격려자금(stimulus funding)을 통해 남은 공사를 끝낼 수 있었다고 한다. 이 사업을 통해 역사적으로 여름에는 말라 없어지던 170～350ppt에 달하는 고염분의 염전이었던 이 지역에 나파 강(Napa River) 범람원을 통한 염성 소택지, 조간대 갯벌, 수로 서식지 등의 조석 서식지를 형성할 수 있게 되었다. 이러한 생태계 복원으로 인해 해양생물들뿐만 아니라 철새 등의 조류들도 찾아오게 될 것이 예상되고 있다. 특히 960에이커(약 3.9km²)에 달하는 남쪽 지구(South Unit)에는 나파 강 하구언과 직접 연결되는 수로를 건설하여 완전한 조석 연결이 가능해졌다. 샌프란시스코 크로니클(San Francisco Chronicle)에 따르면 이 사업은 조석 염습지와 계절 습지 등의 서식지 복원은 물론 사업 첫 1~2년 동안 53개의 일자리와 총 9,533시간의 공임 노동을 창출하는 사회경제적 효과도 있었다고 한다. 물론 여기에는 전반적인 수산자원의 개선과 물새 사냥, 카약 등의 레저 · 취미 활동, 지역 주민들을 위한 교육 · 홍보 효과 등은 포함되지 않은 것이다.

또 다른 생태계 복원사업의 예로 남샌디에이고만 연안 습지 복원사업(South San Diego Bay Coastal Wetland Restorration Project)을 꼽을 수 있다. 이 사업을 통해 과거 150년간 개발로 사라져왔던 샌디에이고만의 조간대 갯벌, 염습지 등의 기능을 회복시켜 총 281에이커(약 1.1km²) 면적의 서식지들을 복원하고, 멸종위기에 있던 생물종에게 나은 환경을 제공할 수 있게 되었다. 앞으로도 이 지역에는 멸종위기의 희귀종들과 수천 종의 철새들, 그리고 상업용 · 레저용 어종들을 위해 더 많은 서식지들을 복원할 계획이라고 한다. 이 사업에는 미 해양기상청(NOAA)뿐만 아니라 캘리포니아 주 연안보호국(California State Coastal Conservancy), 미 어류 및 야생동물 관리국(US Fish and Wildlife Service), 미 환경보호국(US Environmental Protection Agency), 남서부 습지해석협회(Southwest Wetlands Interpretive Association), 샌디에이고 항만지구(Port of San Diego) 등이 파트너로 참여하여 2009년 이후 약 500만 미 달러(약 56억 원)를 투입해 왔다.

환경과 생물이 조화로운 생태계를 이룰 때 우리가 많은 혜택을 지속적으로 제공받을 수 있음은 바다에서도 예외가 아니다. 지난 수백 년 동안 폭발적 인구증가와 산업혁명 이후 눈부신 산업의 발달은 결국 해양산성화와 해양빈산소화를 포함한 전반적인 해양생태계의 파괴와 해양생물 서식지의 유실을 가져왔고, 이것이 인간활동에서 기인하고 있는 점은 이제 기정사실이 되었다. 산업발달에 동반되어 생태계를 크게 훼손한 것도 과학기술이라고 할 수 있지만, 모순되게도 생태계의 회복 또는 복원을 위한 방법을 제공할 수 있는 것도 과학기술이라고 할 수 있다. 물론 이를 위해서는 에너지 소비와 탄소 방출량을 줄이고 환경을 보호하는 등 사람들의 생활양식 변화도 중요할 것이나 어떠한 생활양식의 변화가 필요하며 그 효과가 어느 정도인지 등을 파악하기 위해서도 과학기술의 역할이 점점 더 크게 요구되고 있다. 기후변화로 인해 해양생태계가 어떻게 변화하고 있는지를 연구하는 일도, 훼손된 해양과 연안생태계의 복원을 위한 방법을

찾아내는 일도 모두 인류의 지속가능한 성장을 위한 과학기술의 역할이

라 하지 않을 수 없을 것이다.

엘니뇨와
태평양 기후변동

엘니뇨와 남방진동(El Niño/Southern Oscillation, ENSO)

태평양 기후변동

"지식은 불확실성의 경계에서 벌이는 끊임없는 모험이다

(Knowledge is an unending adventure at the edge of uncertainty)."

- 제이콥 브로노프스크(Jacob Bronowski)

Part 3. 엘니뇨와 태평양 기후 변동

유례가 없었던 인류의 급격한 온실기체 배출과 함께 현실이 되어버린 해양산성화, 해양빈산소화 등의 지구환경 문제들은 해양생태계 전체를 빠른 속도로 붕괴시키고 있으며, 특히 동태평양 해양생태계에 큰 위협이 되고 있음을 앞에서 살펴보았다. 해양 및 연안 생태계를 복원하려는 노력과 함께 반드시 병행되어야 할 한 가지 중요한 활동은 자연적인 기후변동과 이와 연관된 해양환경의 자연적인 변동 특성을 보다 잘 이해하는 일이라고 할 수 있다. 자연적으로 발생하는 기후변동과 이에 큰 영향을 주고받는 해양환경의 기후적 변동 특성을 이해하는 것은 인류의 활동에 의한 기후변화 효과를 이해하기 위한 첫 단추라고 할 수 있기 때문이다.

지구는 마치 살아 있는 생명체와 같이 오랜 기간 계속해서 변화를 거듭해오고 있다. 물론 최근에는 기후변화로 효과로 인해 '기상 관측 이래 최고' 등의 수식어가 붙을 정도의 근본적인 변화가 발생한 것은 사실이지만, 여전히 규칙적인 자연 변동은 존재하고 있다. 예를 들어 한반도와 같은 중위도 지역에서는 기본적으로 봄, 여름, 가을, 겨울과 같은 계절 변화가 해마다 반복되고, 어느 해에는 유독 추운 겨울이 오는가 하면 어느 여름은 유난히 비가 많이 오는 등 해에 따라 달라지는 변화도 있는 것을 우리는 경험을 통해 체득해 왔다. 이러한 규칙적 혹은 때때로 불규칙적인 자연의 리듬은 태평양 십년 변동, 엘니뇨 등의 이름으로 불리는 서로 다른 시간 규모의 변동들로 알려져 있으며, 동태평양을 비롯한 전 세계적인 바다와 대기, 즉 기후변동을 좌우하거나 또 그에 좌우되는 것으로 알려져 있다.

1장에서 소개한 것처럼 일찌감치 해양 관련 연구기관들을 설립하고 다수의 해양관측 프로그램들을 통해 이러한 기후변동의 단서가 될 수 있는 장기간의 해양 자료들을 수집해 오고 있는 동태평양에서는, 엘니뇨 등의 기후변동과 관련된 해양환경의 자연적 변동 특성에 대해 비교적 많은 이해가 이루어질 수 있었다. 그러나 여전히 기후변동에 대한 우리의 지식은 불완전하며, 아직 연구되어야 할 부분이 많다고 할 수 있다. 여기서는 동태평양을 중심으로 그동안 알려지거나 논쟁 중에 있는 기후변동 및 이에 관련된 해양환경의 변동 특성을 소개하려고 한다.

엘니뇨와 남방진동(El Niño/Southern Oscillation, ENSO)

전지구 평균 대기 온도가 점점 상승하고 있는 것처럼, 몇 십 년 이상 장기간에 걸쳐 일어나는 날씨 특성이나 통계값의 변화 등을 '기후변화'라고 부를 수 있다. 이 기후변화는 해양과 대기를 포함한 전체 지구 시스템의 내부적인 과정을 통해서 발생할 수도 있고, 외부 강제력에 의해 발생할 수도 있다. 물론 이 외부 강제력에는 자연적인 외부 강제력뿐만 아니라 온실기체 배출과 같은 인류의 활동도 포함된다. 따라서 지구 시스템의 내부적인 과정들을 이해하는 일은 온실기체 배출 등의 효과를 구별하기 이전에 가장 먼저 선행되어야 할 중요한 과제라 할 수 있다. 지구 시스템의 내부적인 과정들을 통해 발생할 수 있는 기후변화를 이해하기 위해서는 다양한 시간 규모로 일어나는 지구 시스템의 자연적 변동 특성과 이들 사이의 상호작용을 통해 나타나는 기후변동을 이해해야 할 것이다. 특히 대기보다 열용량이 1,000배 정도나 큰 해양에서의 자연적 변동에 대한 이해는 지구 시스템의 기후를 이해하는 데 매우 중요하다고 하지 않을 수 없다. 그러나 안타깝게도 해양의 장기적인 변동을 파악하기 위한 장기적인 해양 자료는 매우 제한적인 장소에서만 수집되어 수치 모델 등에 의존해야 하는 등 여전히 큰 불확실성을 내포하고 있다. 그럼에도 불구하고 과학자들은 엘니뇨(El Niño) 혹은 엘니뇨-남방진동(El Niño-Southern Oscillation)으로 불리는 격년 변동성과 태평양 십 년 변동 등의 십 년 변동성 등에 대한 이해도를 크게 향상시켜 왔다.

엘니뇨란 일반적으로 남아메리카 대륙 서쪽 해안으로부터 중태평양에 이르는 넓은 적도 부근 동태평양 해역의 해수면 수온이 평년과 달리 높아지는 현상을 말하는데, 처음에는 매년 12월 페루 연안에 찾아오는 난류를 지칭하던 말이었다. 크리스마스이자 바나나와 코코넛의 수확기인 이즈음에 난류를 타고 많은 물고기 떼가 찾아오다 보니 그 풍요로움을 하늘에 감사하는 뜻으로 페루 어민들이 크리스마스와 연관시켜 부르던 이름이 엘니뇨였다. 엘니뇨는 스페인어로 '남자아이'를 뜻하며 특히 크리스마스 즈음에 나타나다 보니 '아기 예수'를 의미하게 되었다. 그런데 몇 년에 한 번씩 해수면 수온이 높은 상태로 1년 이상 지속되면서 플랑크톤이 감소하고 어획량이 급격히 감소하면서 동시에 남아메리카 서해안에 호우가 자주 발생하는 등 이상 기상에 따른 피해가 종종 나타나면서 이 현상도 엘니뇨라고 불리게 되었다. 후일 이러한 현상이 남아메리카 연안의 국지적 현상이 아니라 적도 동태평양 전반적으로 벌어지는 대규모 해양-대기 상호작용 현상의 결과임이 알려지고, 전 지구적인 기상에도 큰 영향을 미치고 있음을 알게 되면서부터는, 점차 페루 연안의 국지적인 난류보다는 적도 동태평양의 대규모 고수온 현상을 의미하게 되었다. 이와 반대로 적도 동태평양에서 평년보다 낮은 수온이 유지되는 현상은 엘니뇨의 반대라는 의미로 미국의 해양학자 필랜더(Philander)에 의해 처음으로 '라니냐(La Niña)'라고 불리게 되었는데, 라니냐는 스페인어로 '여자아이'를 뜻한다.

엘니뇨의 구체적인 정의는 국가마다 조금씩 다르다. 예를 들어 한국에서 는 엘니뇨 감시구역(적도 태평양의 Niño 3.4 구역, 남위 5도부터 북위 5도, 서경 170도부 터 서경 120도, 그림 3-1)에서 5개월 이동평균한 해수면 온도 편차가 섭씨 0.4 도 이상(-0.4도 이하)이 되는 달이 6개월 이상 지속될 때 그 첫 달을 엘니뇨(라 니냐) 발달의 시작으로 본다. 미국에서는 같은 Niño 3.4구역의 3개월 이동 평균한 해수면 온도 편차가 섭씨 0.5도 이상(-0.5도 이하) 되는 달이 5개월 이 상 지속될 때 그 첫 달을 엘니뇨(라니냐) 발달의 시작으로 보며(해양 엘니뇨 지 수; Oceanic Niño Index로 불린다), 일본의 경우 Niño 3구역(남위 5도부터 북위 5도, 서경 150도부터 서경 90도, 그림 3-1)에서 5개월 이동평균한 해수면 온도 편차가 섭씨 0.5도 이상(-0.5도 이하)이 되는 달이 5개월 이상 지속될 때로 정의한다.[39]

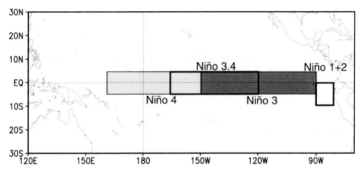

그림 3-1 태평양 엘니뇨 구역들을 표시한 그림. Niño 3.4구역은 적도 중태평양의 Niño 3구역과 적도 동태평양의 Niño 4구역에 중첩되어 존재한다.[출처: 미 해양기상청 국가기상서비스 기후예측센터 웹페이지[40]]

엘니뇨는 서태평양과 동태평양 사이의 기압 분포의 시소현상인 남방진동 (Southern Oscillation)과도 밀접한 관련이 있다. 해수면 수온 분포는 해면 기압 과 직접적인 관계가 있기 때문에 해수면 수온이 더 높은 적도 서태평양에

---

39   http://www.climate.go.kr/home/05_prediction/02.html

40   http://www.cpc.ncep.noaa.gov/products/analysis_monitoring/ensostuff/nino_regions.shtml

서는 저기압이 만들어지면서 상승기류가 생기고, 상승류의 일부는 동태
평양 남아메리카 연안의 하강기류로 연결되는 무역풍(동풍)을 형성하는,
이른바 워커순환(Walker circulation, Walker Cell)을 형성한다. 여기서 서태평양
의 기압이 낮아질수록 동태평양의 기압은 높아지고, 반대로 서태평양의
기압이 높아질수록 동태평양의 기압은 낮아지는 시소현상이 발생하게 되
는데, 이것을 남방진동이라 부른다. 이 두 해역 사이의 해면 기압 차이를
지수화[41]하면 앞의 엘니뇨 구역들 해수면 수온과도 잘 일치하기 때문에 엘
니뇨와 남방진동을 함께 ENSO(El Niño and Southern Oscillation)라고 부르기도
한다.

적도 태평양에서의 해면 기압은 일반적으로 해수면 수온이 높은 서태평
양에서 낮고 해수면 수온이 낮은 동태평양에서 높아, 적도 부근 표층 대
기에서는 동에서 서로 부는 무역풍이 주로 우세하다. 또, 이 무역풍은 적
도 태평양 표층의 고온수를 서쪽으로 이동시켜 연중 수온이 섭씨 28도 이
상 되는 고온수 구역(난수대, 웜풀Warm Pool이라고 불린다)을 서쪽에 위치하도
록 유지시키고 서쪽의 해수면을 높게 유지해주며 적도를 따라 용승을 일
으킨다. 이 난수대에서는 높은 표층 수온으로 인해 저기압과 상승기류
가 형성되고, 따라서 구름이 만들어지고 많은 양의 비, 번개를 동반한 천
둥 등이 적도 서태평양에서 흔하게 나타나게 된다. 날짜 변경선(동경 혹은
서경 180도, 그림 3-1) 부근이나 그 서쪽의 고수온 구역과는 대조적으로, 적도

---

41   적도 부근 동태평양의 타히티 섬과 서태평양 오스트레일리아에 있는 작은 도시인 다윈
      (Darwin) 사이의 해면 대기압 차이로 계산된다. 엘니뇨가 일어난 해에는 서태평양 기압
      이 평년보다 높고 동태평양 기압이 평년보다 낮아 이 지수가 음의 부호를 가지게 되고 이
      와 반대로 라니냐 해에는 양수가 된다. 타히티와 다윈, 이 두 곳에서 장기간의 기압 시계
      열 자료가 수집되었기 때문에 이곳이 지정되었다. 이 지수를 보면 무역풍의 세기를 짐작
      할 수 있다.

동태평양에서는 심해의 차가운 해수가 용승되어 표층에 섭씨 20도 정도의 상대적으로 저수온이 유지되며 무역풍 및 워커순환과의 균형을 이루게 된다(그림 3-2 상). 차가운 표층 수온으로 인해 적도 동태평양에는 하강기류가 만들어져 대체로 구름이 없고 강우량이 적은 반면 인도네시아 부근의 서태평양에는 강우가 집중되는 것은 바로 이러한 적도태평양 해표면 수온의 분포에 기인한다. 특히 이 차가운 해수는 영양염류가 높아 상층으로 용승되는 경우 부유생물의 일차 생산을 촉진시키므로 어장의 생산력도 증가시킨다. 엘니뇨 발생 초기에 무역풍이 약화되면서 난수대가 동쪽으로 이동하게 되면, 적도 서태평양에서 무역풍 반대 방향으로 서풍이 나타나기 시작하고 적도 중태평양에서의 열대성 대류 활동을 활발하게 만들게 된다(그림 3-2 중/하). 엘니뇨가 계속 발달하면 무역풍이 지속적으로 약화되고 고온수가 동쪽으로 이동하며 용승효과를 약화시키며 수온약층(thermocline)이 100m 정도 깊어지면서 동태평양 페루 연안 등에서 수온이 급상승하고 대류가 강화되며 잦은 호우도 발생한다(그림 3-2 하). 이렇게 처음에는 나비의 날갯짓과도 같은 작은 자극에서 시작하였다가 해양-대기 상호작용에 의해 증폭되어 엘니뇨와 같은 전 지구적 규모의 기상이변을 초래하기도 하는데, 이러한 해양-대기 상호작용은 미세한 분자 수준에서부터 전 지구적 규모의 해양파에 이르기까지 다양하며 복잡하여 해양과 대기 어느 쪽에서 먼저 시작되었는지를 말하는 것은 마치 닭과 달걀 중어느 것이 먼저인지를 묻는 문제와도 같이 결론내기가 어렵다. 엘니뇨 발생 초기에 무역풍을 약화시키는 원인은 아직 확실하게 밝혀지지 않았다고 볼 수 있으나 동태평양에서의 수온상승이 무역풍을 더욱 약화시키는 작용을 하여 엘니뇨 상태를 오래 지속되도록 하는 것만은 분명해 보인다.

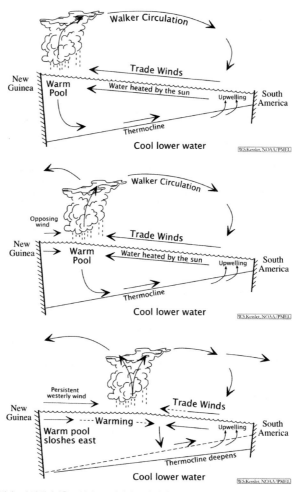

그림 3-2 엘니뇨의 발생기작을 모식적으로 나타낸 그림. (상) 정상 상태, (중) 엘니뇨의 발달 상태, (하) 엘니뇨의 정점 상태. 엘니뇨가 발생하면서 무역풍의 약화에 따른 해수면 및 해표면 수온의 변동을 모식적으로 보여준다.[출처: 미 국립해양기상청 태평양환경 연구소(PMEL; Pacific Marine Environmental Laboratory) 소속 빌리 케슬러 박사(Dr. Billy Kessler)의 엘니뇨에 대한 질의/응답 웹페이지[42]]

---

42   미 해양기상청 태평양 조지아공대 엠마뉴엘 디 로렌조 교수의 북태평양환류진동 소개 페이지(http://faculty.washington.edu/kessler/occasionally-asked-questions.html#q1).

무역풍의 약화가 엘니뇨 발달에 중요한 요인으로 작용하고 있지만 엘니뇨가 발생할 때마다 무역풍 약화가 언제나 선행되는 것은 아니며 동쪽으로 이동하는 해양파에 의한 에너지 전달 등도 중요한 발생 원인으로 꼽히고 있다. 동쪽으로 전파하는, 지구 규모로 긴 파장을 가진 해양파의 영향 때문에 그 너비가 상대적으로 좁은 대서양과 인도양보다는 대륙의 영향을 적게 받으며 해양파가 더 오랜 시간에 걸쳐 지나가는 태평양에서 엘니뇨가 잘 관측되는 것으로도 이해되고 있다.

적도 태평양에서의 이 같은 해양-대기 상호작용은 적도를 벗어난 지역의 순환도 교란하여 동태평양에서 적도-극지방 사이의 온도 차이를 커지게 만들기 때문에 제트기류(jet stream)[43]을 강화시키는 역할도 하게 되고, 더워진 동태평양에서의 활발한 증발은 미국 남부에 평년보다 많은 강우량을 가져오게 된다. 반대로 서태평양의 인도네시아와 호주 인근 해역에서는 엘니뇨가 발생하면 평년보다 적은 강우량을 보이고 가뭄 등이 발생하게 된다. 전혀 연관되어 있을 것 같지 않을 만큼 멀리 떨어진 지역에서 나타나는 서로 다른 현상들이 통계적으로 유의미한 연관성을 보일 때 이를 원격연동(teleconnection)이라고 하는데, 엘니뇨와 라니냐 효과는 동태평양 연안에 위치한 나라들뿐만 아니라 지구촌 곳곳에 원격연동으로 인해 예상치 못한 기상 이변들을 종종 가져오기도 한다. 인도네시아 부근의 호우 중심이 엘니뇨 때에 동쪽으로 이동하여 중태평양에 위치하는 것이라든가 미국 남부와 멕시코 북부 남미 중부 지역의 홍수 등이 그 예이다. 특

---

43 대류권 상부나 성층권의 서쪽으로부터 흐르는 기류이며 평균풍속은 겨울철에는 시속 130km, 여름철에는 시속 65km이며 공기밀도의 차이가 가장 큰 겨울철에 풍속도 가장 강하다. 그것들은 기온 차이가 큰 경계에서 형성된다. 제트기류는 대류권(고도에 따라 기온 감소)과 성층권(고도에 따라 기온 증가) 대류권계면에서 주로 발견된다(http://ko.wikipedia.org/wiki/제트_기류).

히 1982~1983년 엘니뇨는 지역 기상과 해양생태계를 교란시켰을 뿐만 아니라 지구 곳곳의 기상이변들을 유발했다. 에콰도르와 페루에서 6개월간 250cm의 강우를 기록하고, 멸치와 정어리가 사라지며 어업에도 큰 타격을 주었고, 비정상적인 바람 패턴으로 인해 태풍이 일상적인 궤도를 벗어나 하와이와 타히티를 급습하기도 했었다. 인도네시아와 호주에서는 가뭄이 심해지며 산불 피해가 극심했고, 미국 남부에서는 홍수로 시달리며 북부에서는 강설이 크게 줄었었다. 전 세계가 1982~1983년 한 차례의 엘니뇨에 의해서만 80억 달러에 이르는 경제적 손실을 입었다고 한다.

엘니뇨는 4년에 1번 정도 발생하지만 주기가 일정하지 않고 2~7년 사이에 불규칙하게 발생하는 것으로 알려져 있는데 최근에는 그 주기가 더 불규칙해진 것으로 보는 견해들도 있다. 엘니뇨는 동태평양에서 수온이 증가하며 최대로 발달하기 18개월 이전에 서태평양 수온약층에 광범위한 수온 증가가 먼저 나타나며, 수온이 증가된 고온수 부분이 점점 동진하여 동태평양에 도착하기 때문에 적어도 18개월 전에 어느 정도 예측이 가능하다. 엘니뇨현상은 적도 태평양 변동성에서 가장 우세한 모드이며 전 지구적 기후에 영향을 미치기 때문에 활발한 연구가 지속되고 있다. 최근에는 1970년대 후반을 전후로 해서 엘니뇨의 주기와 강도 그리고 발생 위치에 변화가 생겼다는 주장들도 제기되고 있으며, 특히 두 종류의 엘니뇨가 존재한다고 보고되고 있는데, 이들은 단순히 나타나는 패턴의 차이뿐만 아니라 그 역학과 효과 등에서도 뚜렷한 차이를 보인다고 한다. 하나는 중태평양에서 해수면 수온상승이 우세한 중태평양 타입(Central Pacific type; CP-type) 혹은 웜풀(WP, Warm Pool)엘니뇨[44]이고, 다른 하나는 동태평양에서

---

44   Dateline El Niño나 Pseudo El Niño 혹은 El Niño Modoki로도 불린다.

우세한 수온상승이 나타나는 동태평양 타입(Eastern Pacific-type: EP-type) 혹은 콜드텅(CT, Cold Tongue)엘니뇨[45]이다. 서로 다른 두 종류의 엘니뇨를 발견한 한국해양과기원(Korea Institute of Ocean Science and Techonology, KIOST) 국종성 박사 등은 최근 해양 생지화학 과정이 접합된 해양대순환 모형을 사용하여 이와 관련된 해양생태 반응과 생태 피드백에 대한 연구도 진행하여, 중태평양의 패턴이 강화되는 중태평양 타입 엘니뇨 기간에는 엽록소 농도의 감소가 중태평양에서 주로 나타나는 데 반해, 동태평양 패턴이 강화되는 동태평양 타입 엘니뇨 기간에는 중태평양과 동태평양에서 광범위하게 엽록소 농도가 감소하고 있음을 보여주고 있다. 또 동태평양 타입 혹은 콜드텅 엘니뇨 쇠퇴 후에는 중태평양의 감소된 엽록소 농도 회복이 보다 빠르게 진행되어 1년 후 평년보다 증가된 엽록소 농도를 보이는 경향도 제안하였다. 이러한 두 종류의 엘니뇨는 중위도에 미치는 영향도 서로 다른 것으로 알려지고 있는데, 이 같은 차이는 워커순환에 미치는 상이한 영향이 중위도 지역으로의 열이나 수증기 수송 과정에 차이를 가져오기 때문이라고 한다(윤과 예, 2009[46]). 또, 최근에는 인도양에 나타나는 쌍극자 모드[47]와의 관련성에 대한 연구도 진행 중이다.

앞 장에서 소개한 해양산성화와 해양빈산소화 문제는 동태평양 해역의 전반적인 pH 및 용존산소 농도 감소에 대한 것으로, 이것은 수십 년 동안 벌어진 온실기체 배출 및 이산화탄소 농도 증가와도 직접 관련된 '기후변

---

45   Conventional El Niño 혹은 Canonical El Niño로도 불린다.

46   윤진희 · 예상욱(2009), 서로 다른 두 유형의 엘니뇨와 동아시아 인근 해역 표층 온도 상관성 연구, *Ocean and Polar Research.*

47   열대 태평양의 엘니뇨와 비슷한 현상으로 인도양 동부에서 수온이 낮아지고 인도양 서부에서는 수온이 높아지는 현상을 의미한다.

화'의 문제였다. 앞에서도 언급했지만 이러한 기후변화는 지구 시스템의 내부적인 과정들을 통한 '자연적 변동'을 동반하기 때문에 장기적으로 연속 수집된 자료를 통해 엘니뇨와 같은 격년 변동을 포함한 '자연적 변동' 특성을 이해하는 일이 무엇보다 중요하다. 동태평양에서 관측된 해양 시계열 자료들이나 다양한 해양-대기 모형들을 분석한 연구 결과는 실제로 다양한 시간 규모로 나타나고 있는 자연적 변동들을 잘 보여준다. 물론 여기에는 엘니뇨현상과 관련된 격년 변동성도 포함된다. 최근 캘리포니아 대륙붕 해역에서 수집된 용존산소 자료를 분석한 연구 결과[48]는 엘니뇨(라니냐) 기간에 평년보다 더 높은 (낮은) 용존산소 및 pH를 보일 수 있는 것으로 나타났으며, 특히 2009~2010년 엘니뇨 국면에서 2010~2011년 라니냐 국면으로 전환되는 기간에 단순히 수온약층의 상승뿐만 아니라 극방향의 이류(advection) 증가와 엽록소 농도의 감소가 함께 작용하여 대륙붕 해역의 용존산소 농도를 크게 낮출 수 있는 것으로 드러났다(그림 3-3). 그러나 한 차례의 중태평양 타입 엘니뇨 · 라니냐에 따른 변화만으로 엘니뇨에 대한 동태평양 해양생태 환경변화를 일반화하기에는 무리가 따른다.

48   Nam, S., H. -J. Kim, and U. Send (2011), Amplification of hypoxic and acidic events by La Niña conditions on the continental shelf off California. *Geophys. Res. Lett.*, 38: L22602, doi:10.1029/2011GL049549.

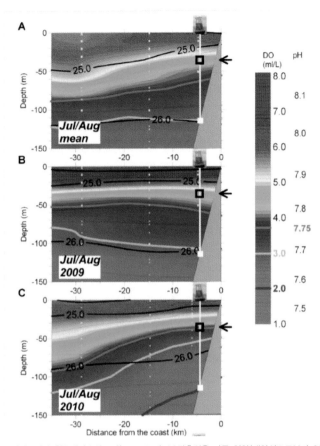

그림 3-3 캘리포니아 협동해양수산조사(CalCOFI) 93관측선을 따른 연안(해안선으로부터 35km 이
내) 해역의 해수 밀도(등밀도선으로 표시)와 용존산소 농도 혹은 pH(색으로 구분)의 단면구조
도. (상, A) 정상 상태, (중, B) 2009년 여름 엘니뇨 국면, (하, C) 2010년 여름 라니냐 국면
의 상태. 우측에 시계열 해양관측 정점과 용존산소 센서가 부착된 수심(35m) 그리고 육지 또는
해저지형(회색 음영)을 나타내었다. 정상 상태보다 엘니뇨 국면에서는 등밀도선들이 연안 쪽으
로 깊어지고, 라니냐 국면에서는 연안 쪽으로 얕아지는 것을 볼 수 있고, 특히 라니냐 국면에서
매우 낮은 용존산소 농도의 해수가 얕은 수심의 대륙붕 해역까지 용승한 것을 확인할 수 있다.
[출처: Nam et al. (2011)[49]]

49   Nam, S., H. -J. Kim, and U. Send (2011), Amplification of hypoxic and acidic events by La

해양-대기의 상호작용을 통해 나타나는 복합적인 엘니뇨와 같은 격년 변동이 기후변화와 어떤 영향을 주고받는지에 대한 연구는 여전히 과학자들에게 매우 관심이 큰 연구과제이다. 특히 산업혁명 이후 급격히 늘어난 온실기체 배출과 이로 인해 시작된 지구온난화, 해양산성화, 해양빈산소화 등의 기후변화와 어떤 영향을 주고받는지는 여전히 불분명하다. 지구온난화에 따라 엘니뇨 · 라니냐의 빈도가 더 높아질지 낮아질지, 그 강도가 더 강해질지 약해질지, 공간적인 변동 양상은 지역적으로 어떤 변화가 있을지 등이 그 예이다. 티머만 박사(Dr. Timmermann)가 이끄는 연구진의 논문에 따르면, 현실적인 지구온난화 시나리오를 가정했을 때 가까운 미래에 더욱더 잦은 엘니뇨현상을 겪게 될 것이라고 한다.[50] 또한, 베치 박사(Dr. Vecchi)가 이끄는 연구팀은 지구온난화가 워커순환을 약화시킬 것으로 내다보고 있다.[51] 반면 멘델슨 박사(Dr. Mendelssohn) 등은 엘니뇨 발생 빈도에 통계적으로 유의미한 변화가 없지만 그 발생 강도가 장기적으로 증가하고 있다는 연구결과[52]를 발표했다. 즉, 같은 지구온난화 시나리오를 가지고도 모형에 따라 엘니뇨현상의 빈도가 증가할 수도 반대로 감소할 수도 있으며, 인간활동 강제력에 대한 엘니뇨 변동성을 예측하는 일치된 수치모의결과는 아직 없는 것으로 알려져 있다.

Niña conditions on the continental shelf off California. *Geophys. Res. Lett.*, 38: L22602, doi:10.1029/2011GL049549.

50   Timmermann, A., J. Oberhuber, A. Bacher, M. Esch, M. Latif, and E. Roeckner (1999), Increased El Niño frequency in a climate model forced by future greenhouse warming, *Nature* 398, 694-697.

51   Vecchi, G. A., B. J. Soden, A. T. Wittenberg, I. M. Held, A. Leetmaa, and M. J. Harrison (2006), Weakening of tropical Pacific atmospheric circulation due to anthropogenic forcing, Nature, 441, 73-76.

52   Mendelssohn, R., S. J. Bograd, F. B. Schwing, and D. M. Palacios (2005), Teaching old indices new tricks: A state-space analysis of El Nin˜o related climate indices, *Geophys. Res. Lett.*, 32, L07709, doi:10.1029/2005GL022350.

최근 한양대학교 예상욱 교수 등에 의해 독일 킬(Kiel) 기후모형을 이용하여 4,200년 기간의 수치 모의를 통해 얻은 결과[53]가 발표되었는데, 여기서는 두 종류의 엘니뇨가 매우 다른 자연변동을 보이며 1990년대 이후 중태평양 타입(CP-type) 엘니뇨의 빈도와 강도 모두 증가한 것으로 나타나 최근 동태평양 타입(EP-type) 엘니뇨에 비해 더 자주 발생하는 중태평양 타입(CP-type) 엘니뇨가 자연변동의 일부일 가능성을 배제할 수 없다고 주장했다. 이 같은 두 종류의 엘니뇨현상에 대한 자연변동 가능성은 뒤에서 다룰 태평양십년진동(Pacific Decadal Oscillation, PDO) 및 북태평양환류진동(North Pacific Gyre Oscillation, NPGO)과 같은 태평양 십 년 주기 변동성과도 연관된 것으로 이해되고 있다.

엘니뇨로 인한 전 지구적 변화는 어족자원들의 재편성을 가능하게 만들 수 있다. 고온수에 사는 열대 난류성 어족이나 동물 플랑크톤 등이 엘니뇨가 강한 해에 미국 캘리포니아 부근의 중위도 동태평양에서 관측될 때가 있다. 이는 적도 부근에 사는 생물종이 평년보다 강한 북향류를 타고 적도 해역에서 이동해온 결과이다. 각 생물종은 생리적으로 그 종에 맞는 최적화된 환경을 선호하고, 그런 환경에서 개체 수가 잘 증가한다. 육지에 사는 동식물은 물리적으로 어느 정도 이동 거리가 제한돼 있으나 바다에서는 해류를 타면 짧은 시간에 비교적 긴 거리 이동이 가능하다. 따라서 평년 환경에서는 관측되지 않는 종들이 엘니뇨·라니냐와 같은 급격한 환경 변동과 맞물리면 전혀 관측되지 않을 것 같은 환경에서 관측되기도 하는 것이다. 이와 반대로 풍부하던 어족이 사라지기도 하는데, 20

---

53   Yeh, S.-W., B. P. Kirtman, J.-S. Kug, W. Park, and M. Latif (2011), Natural variability of the central Pacific El Niño event on multi-centennial timescales, *Geophys. Res. Lett.*, 38, L02704, doi:10.1029/2010GL045886.

세기 가장 강력한 엘니뇨 중 하나였던 1982~1983년 엘니뇨 당시 페루의 수산업을 살펴보면 잘 알 수 있다. 세계적으로 유명한 수산국가인 페루에서 엔초비어획량이 고갈되어 큰 타격을 입었다. 또, 태평양의 중요한 어족자원이라 할 수 있는 가다랑어, 참치는 주로 적도 인근 바다의 표층(고온수가 존재하는 웜풀)에서 잡히는데, 엘니뇨 · 라니냐 조건에 따라 난수대의 위치가 바뀌면서 높은 어획량을 보이는 위치도 함께 변화하였다. 즉, 라니냐가 일어났던 1989년에는 서태평양 오스트레일리아 북부에서 이 종이 가장 많이 잡혔던 반면, 1982년 엘니뇨 해에는 서경 170도 부근의 중태평양까지 높은 참치 어획량을 보였다. 앞으로 지구온난화에 따라 엘니뇨 · 라니냐의 빈도와 강도가 어떻게 변할지 예측하기는 쉽지 않지만, 공간적인 어족자원의 분포가 재편성될 것이라는 것은 분명해 보인다.

태평양 기후변동

태평양에서는 엘니뇨와 같은 격년 변동성뿐만 아니라 태평양십년진동과 북태평양환류진동과 같은 보다 장주기의 자연변동들도 존재하는 것으로 알려져 있다. 북태평양 대기에서는 알루샨 저기압(Aleutian Low, AL)과 북태평양진동(North Pacific Oscillation, NPO)이라는 두 가지 모드의 두드러진 변동 패턴이 존재하는데, 태평양십년진동(PDO)과 북태평양환류진동(NPGO)은 바로 이들 두 대기모드가 해양에 나타나는 형태라고 볼 수 있다. 또, 최근에는 두 모드들이 엘니뇨와 같은 적도 태평양의 격년 변동을 통해 서로 연관되어 있다는 주장도 제기되었다.

미 조지아공대(Georgia Institute of Technology)의 엠마뉴엘 디 로렌조 교수(Prof. Emanuele Di Lorenzo)는 장기간의 태평양 해면고도 자료를 분석하여 기존에 잘 알려진 태평양십년진동과 구별되는 북태평양환류진동 모드를 정의하였는데[54], 이 모드를 통해 동태평양 해양환경과 해양생태계의 장주기 변화를 보다 잘 설명하게 되었다. 특히 동태평양에서 북위 38도 이북의 연안용승을 나타내는 지수가 태평양십년진동 외력과 주로 연관되는 것과 대조적으로 북위 38도 이남에서의 연안용승은 이 북태평양환류진동 외력과 더 관련성이 큰 것으로 나타났다[55]. 더욱 흥미로운 점은 태평양십년진동으로 설명되지 못해 왔던 캘리포니아 협동해양수산조사(CalCOFI) 해역과 P관측선에서 관측된 염분과 영양염의 장기적인 변동을 이 북태평양환류진동이 설명[56]할 수 있는 점이다. 더 나아가 최근에는 캘리포니아 연안에서 장기적으로 관측된 동물 플랑크톤의 시계열 자료와 비교하여 북태평양환류진동으로 해양생태계의 장주기 변동성도 설명할 수 있는 가능성까지 제시하였다[57]. 이를 통해 기후변동이 해양생태계에 미치는 영향을 해석하는 데 매우 중요한 해양생태 변동성을 설명하는 기본 가설을 수립할 수 있게 되었다.

54   Di Lorenzo, E., N. Schneider, K. M. Cobb, K. Chhak, P. J. S. Franks, A. J. Miller, J. C. McWilliams, S. J. Bograd, H.Arango, E. Curchister, T. M. Powell, and P. Rivere (2008), North Pacific Gyre Oscillation links ocean climate and ecosystem change. *Geophys. Res. Lett.*, 35, L08607, doi:10.1029/2007GL032838.

55   Di Lorenzo, E., N. Schneider, K. M. Cobb, K. Chhak, P. J. S. Franks, A. J. Miller, J. C. McWilliams, S. J. Bograd, H.Arango, E. Curchister, T. M. Powell, and P. Rivere (2008), North Pacific Gyre Oscillation links ocean climate and ecosystem change. *Geophys. Res. Lett.*, 35, L08607, doi:10.1029/2007GL032838.

56   Di Lorenzo, E., J. Fiechter, N. Schneider, A. J. Miller, P. J. S. Franks, S. J. Bograd, A. M. Moore, A. Thomas, W. Crawford, and A. Pena and Herman (2009), Nutrient and Salinity Decadal Variations in the central and eastern North Pacific. *Geophys. Res. Lett.*, doi:10.1029/2009GL038261.

57   Di Lorenzo E. and M. D. Ohman (2013), A double-integration hypothesis to explain ocean ecosystem response to climate forcing.*Proc. Nat Acad Sci.*, 110(7), 2496-2499.

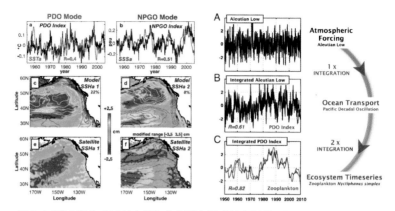

그림 3-4 (좌) 모형과 자료로부터 얻은 태평양십년진동과 북태평양환류진동 양상. (a) 라호야 스크립스 피어에서 관측된 해표면 수온 이상(붉은선)과 해표면 고도 이상의 경험직교분석 1모드로 정의한 태평양십년진동 지수를 비교, (b) 라호야 스크립스 피어에서 관측된 해표면 염분 이상(파란선)과 해표면 고도 이상의 경험직교분석 2모드로 정의한 북태평양 환류 진동(NPGO) 지수를 비교, (c, d) 모형 해표면 고도 자료에 회귀 분석한 태평양 십년 진동과 북태평양 환류 진동의 양상, (e, f) 인공위성 고도계로 1993~2004년 동안 관측된 자료에 회귀 분석한 태평양 십년 진동과 북태평양 환류 진동의 양상. 단, 검은색 및 흰색으로 표시된 등고선은 각각 양과 음의 부호를 가지는 바람 응력의 컬(curl)을 나타낸다[출처: Di Lorenzo et al., 2008[58]]. (우) 2차 적분 효과. (A) 알루샨 저기압(AL) 지수, (B) 적분된 알루샨 저기압 지수(검은색)와 태평양 십년진동(파란색), (C) 적분된 태평양십년진동 지수(파란색)와 캘리포니아 해류 시스템의 동물 플랑크톤(*Nyctiphanes simplex*) 시계열(붉은색). (PNAS is not responsible for the accuracy of this translation.) [출처: Di Lorenzo and Ohman, 2013[59]]

뿐만 아니라 디 로렌조 교수 등은 또한 태평양에서 나타나는 해양과 대

---

58 Di Lorenzo, E., N. Schneider, K. M. Cobb, K. Chhak, P. J. S. Franks, A. J. Miller, J. C. McWilliams, S. J. Bograd, H. Arango, E. Curchister, T. M. Powell, and P. Rivere (2008), North Pacific Gyre Oscillation links ocean climate and ecosystem change. *Geophys. Res. Lett.*, 35, L08607, doi:10.1029/2007GL032838.

59 Di Lorenzo E. and M. D. Ohman (2013), A double-integration hypothesis to explain ocean ecosystem response to climate forcing, *Proc. Nat Acad Sci.*, 110(7), 2496-2499.

기 장주기 변동 모드들의 상호관계를 통해 태평양 기후변동의 구조를 새로 제시하기도 하였다(그림 3-4). 기존 연구결과들에 따르면 북태평양진동 (NPO)의 북반구 봄철 변동성은 적도 중태평양 표층 수온의 격년 변동을 유발하고 이것이 엘니뇨를 일으켜 그 이듬해 겨울에 정점에 도달하게 되며(예, 계절 발자취 기작 Seasonal Footprinting Mechanism, SFM[60]), 겨울철 엘니뇨 정점 도달은 대기 원격 연동(atmospheric teleconnection)을 통해 알루샨 저기압 변동성을 더 강화[61]하여, 다시 해양에서 태평양십년진동 양상으로 통합된다는 것[62]이며, 이것은 북태평양진동 변동성이 북태평양환류진동 양상으로 통합되는 것[63]과 같은 과정으로 알려졌다. 보다 최근에는 엘니뇨 격년 변동성과 태평양십년주기 변동 모드들 사이의 적도태평양을 벗어난 추가적 연동에 대해서 연구가 이루어지면서 북태평양환류진동이 중태평양 타입 엘니뇨와 역학적으로 연결됨을 보이기도 하였는데[64], 이를 통해 보다 향상된 태평양 기후변동의 구조가 그림 3-4와 같이 제시될 수 있었다. 이로부터 20세기 후반 북태평양환류진동 변동성의 증가가 중태평양 타입 엘니뇨의 더 잦은 발생과 연결된 것으로 이해할 수 있게 되었다. 해양에서의 표층수온 변동 혹은 표층 해면고도 변화는 로스비파와 같은

60   Vimont, D., D. Battisti, and A. Hirst (2003), The seasonal footprinting mechanism in the CSIRO general circulation models, *J.Climate*, 16(16), 2653-2667.Anderson, B. (2003), Tropical Pacific sea-surface temperatures and preceding sea level pressure anomalies in the subtropical North Pacific, *J. Geophys. Res.-Atmospheres*, 108 (D23), 18.

61   Alexander, M., I. Blade, M. Newman, J. Lanzante, N. Lau, and J. Scott (2002), The atmospheric bridge: The influence of ENSO teleconnections on air-sea interaction over the global oceans, *J. Climate*, 15(16), 2205-2231.

62   Newman, M., G. Compo, and M. Alexander (2003), ENSO-forced variability of the Pacific decadal oscillation, *Journal of Climate*, 16(23), 3853-3857.

63   Chhak, K. C., E. Di Lorenzo, N. Schneider, and P. F. Cummins (2009), Forcing of Low-Frequency Ocean Variability in the Northeast Pacific, *J. Climate*, 22(5), 1255-1276.

64   Di Lorenzo, K. M. C., J. Furtado, N. Schneider, B. Anderson, A. Bracco, M. A. Alexander, and D. Vimont (2010), Central Pacific El Niño and decadal climate change in the North Pacific, *Nature Geosciences* 3 (11), 762-765, doi: 10.1038/NGEO984.

해양파를 통해 전파하게 되는데, 태평양십년진동과 북태평양환류진동에 따른 표층 이상(anomaly)이 해양파를 통해 북서태평양에 도달하면서 구로시오-오야시오 연장 구역(Kuroshio-Oyashio Extension region, KOE)에도 영향을 미칠 수 있다. 태평양십년진동이 그 축(axis)의 변동을 가져오고[65], 북태평양 환류진동은 그 속도(speed)의 변동을 가져 온다[66]고 한다(그림 3-4). 구로시오-오야시오 연장(KOE) 구역의 해면 변동에서 가장 우세한 두 모드들에서도 그 축 변동에 따른 구로시오-오야시오 연장 남북(meridional) 모드와 그 속도 변동에 따른 구로시오-오야시오 연장 동서(zonal) 모드가 구분된다[67].

이러한 태평양 기후변동 구조는 아직 완전히 밝혀졌다고 볼 수 없으며, 여전히 많은 연구를 필요로 하고 있다. 특히 북태평양진동의 외력 역학과 적도 해역 사이의 관계는 더 많은 조사가 필요하다. 비록 북태평양진동에 대한 외력과 엘니뇨 역학 및 적도 태평양의 표층수온 변화를 연결하는 물리적인 근거를 가진 가설들이 있지만, 북태평양진동의 근원으로 폭풍 경로 강도의 변화와도 관계된 중위도 대기의 고유한 변동성을 꼽고 있다. 그러나 북태평양진동의 장주기 변동성이 엘니뇨와 독립적이지 않고, 적도 태평양에서 유래되었을 가능성도 제기되어[68], 아직 이에 대한 더 많은 연구

65   Miller, A., and N. Schneider (2000), Interdecadal climate regime dynamics in the North Pacific Ocean: theories, observations and ecosystem impacts, *Progr. Oceanogr.* 47(2-4), 355-379.Qiu, B., N. Schneider, and S. Chen (2007), Coupled decadal variability in the North Pacific: An observationally constrained idealized model, *J. Climate*, 20(14), 3602-3620.

66   Ceballos, L. I., E. Di Lorenzo, C. D. Hoyos, N. Schneider, and B. Taguchi (2009), North Pacific Gyre Oscillation Synchronizes Climate Fluctuations in the Eastern and Western Boundary Systems, *J. Climate*, 22(19), 5163-5174.

67   Taguchi, B., S. Xie, N. Schneider, M. Nonaka, H. Sasaki, and Y. Sasai (2007), Decadal variability of the Kuroshio Extension: Observations and an eddy-resolving model hindcast, *J. Climate*, 20(11), 2357-2377.

68   Di Lorenzo, K. M. C., J. Furtado, N. Schneider, B. Anderson, A. Bracco, M. A. Alexander, and D. Vimont (2010), Central Pacific El Niño and decadal climate change in the North

가 필요하다고 볼 수 있다.

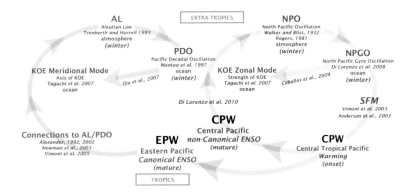

그림 3-5 태평양 기후변동 구조. 태평양에서 나타나는 해양과 대기 장주기 변동 모드들의 상호 관계와 해당
연구 결과를 내포하는 논문들을 표시하였다. 여기서 AL, NPO, KOE, PDO, NPGO, EPW,
CPW, SFM 각각의 약어들은 알루샨 저기압(Aleutian Low), 북태평양 진동(North Pacific
Oscillation), 구로시오-오야시오 연장, 태평양십년진동, 북태평양환류진동, 동태평양 온난화
(Eastern Pacific Warming), 중태평양 온난화(Central Pacific Warming), 계절 발자취 기작
(Seasonal Footprinting Mechanism)을 의미한다. 알루샨 저기압와 태평양십년진동의 연결 경
로는 붉은색으로 북태평양 진동과 북태평양 환류 진동의 연결 경로는 파란색으로 표시하였다[출처:
미 조지아 공대(Georgia Institute of Technology) 임마뉴엘 디 로렌조 교수(Prof. Emanuele Di
Lorenzo)의 북태평양 환류 진동 소개 페이지[69]].

---

69   미 조지아공대 엠마뉴엘 디 로렌즈 교수의 북태평양환류진동 소개 페이지 (http://www.
o3d.org/npgo/enso.html).

Pacific, *Nature Geosciences* 3(11), 762-765, doi: 10.1038/NGEO984.

계절변화와
연안용승

"전진하지 않는 자는 퇴보하고 있는 중이다

(He who moves not forward, goes backward)."

- 요한 볼프강 폰 괴테(Johann Wolfgang Von Goethe)

Part 4. 계절변화와 연안용승

동태평양을 중심으로 그동안 알려지거나 논쟁 중에 있는 기후변동 및 이에 관련된 해양환경의 변동 특성을 앞에서 소개하였다. 자연적인 기후변동과 연관된 해양환경의 변화를 보다 잘 이해하는 일은 인류의 활동에 의한 기후변화 효과를 이해하기 위해서도 매우 중요하다. 규칙적 혹은 때때로 불규칙적인 자연의 리듬에는 앞에서 살펴본 태평양 십년 변동, 엘니뇨·라니냐 격년 변동과 같은 10년 또는 수년 규모로 변하는 현상뿐만 아니라 해마다 규칙적으로 일어나는 1년 주기의 계절 변화도 포함된다. 이외에도 수십 일, 일주일, 혹은 끊임없이 변화하는 조석(tide)이나 연안에서 밤낮으로 바뀌는 해륙풍 같은 1일 규모의 현상들도 있으며, 심지어는 수시간, 수분 혹은 더 짧은 시간 규모의 현상들도 존재한다. 자연적인 해양환경의 변동성은 바로 이러한 많은 현상들이 혼재하며 만들어내는 하나의 작품이라 할 수 있다.

대부분의 바다에서 1년 주기의 계절변화는 대체로 뚜렷한데, 동태평양도 예외가 아니어서 다양한 1년 주기 계절변화가 동태평양에서 관측되고 있다. 특히 동태평양에서는 연안용승이라 불리는 현상이 매년 봄철에 발생하며, 전반적인 해양환경과 생태계의 계절변화를 야기한다. 물론 앞에서 살펴본 십년 변동 및 격년 변동과 관련하여 그 강도와 시기 등이 변화하기도 하지만 매년 거르지 않고 봄철에 연안용승이 발생하고 있는 점은 매우 흥미로운 일이 아닐 수 없다. 기본적으로 식물 플랑크톤의 1차 생산에 필요한 것은 햇빛과 영양염인데 이러한 연안용승이 발생하면 깊은 바닷속의 풍부한 영양염이 빛이 잘 투과하는 표층에까지 공급되므로 광합성이 활발하게 일어날 수 있는가 하면, 깊은 바다를 채우고 있던 산소 농도가 낮은 해수가 표층으로 용승하여 동물 플랑크톤이나 어류 등 생태계에 영향을 미친다. 연안용승이 발생하면 식물 플랑크톤으로부터 시작해서 최상위 영양단계에 이르기까지 전반적인 생태계가 큰 변화를 겪게 된다. 더구나 앞장에서 살펴본 해양산성화와 해양빈산소화 문제는 이러한 연안용승의 장주기 변동성과도 연결되어 동태평양 해양생태계 환경을 결정하는 중요한 요소들이 되고 있다.

이 장에서는 가장 대표적인 연안용승 해역으로 알려져 있는 동태평양을 중심으로 여러 시간 규모의 자연변동들 중에서 매년 반복해서 일어나는 계절 변화와 연안용승현상에 대해 소개하고자 한다.

연안용승(Coastal Upwelling)

깊은 바닷속 해수가 표층으로 용승할 수 있는 몇 가지 원인들 중에서 연안용승은 가장 대표적인 용승현상이라 할 수 있다. 특히 동태평양은 매년 반복해서 연안용승이 일어나는 해역으로 잘 알려져 있다. 동태평양의 미 서부 해안을 따라 부는 우세한 바람은 적도를 향하는 북풍이다. 이 바람은 표층 바람응력을 통해 바다 표층수를 밀어주게 되는데 지구 자전의 효과로 표층수가 실제적으로 육지에서 멀어지는 방향으로 움직이게 된다. 이때 표층수가 있던 발산 공간은 연안에 의해 막혀 있기 때문에 깊은 수심의 심층해수가 표층으로 용승하여 채울 수밖에 없는데, 이러한 방식의 심층해수 용승을 연안용승이라고 한다(그림 4-1). 반대로 북풍이 약해지거나 오히려 남풍이 불게 되면 외해의 표층수가 연안으로 밀려와 표층에 수렴대가 만들어지며 연안에 의해 막혀 있기 때문에 깊은 수심으로 가라앉는 침강

(downwelling)이 발생하게 된다. 또, 남반구의 서해안에서는 지구 자전 효과가 반대로 일어나 남풍이 용승을, 북풍이 침강을 일으키게 된다. 대륙의 동해안 에서는 서해안의 경우와 반대로 북반구에서 남풍이 남반구에서 북풍이 표 층수를 외해로 밀어 연안용승을 발생시키게 된다.

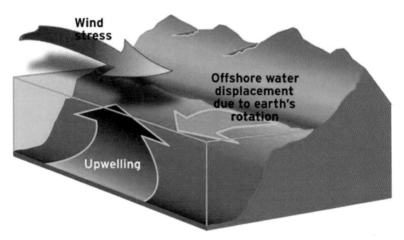

그림 4-1 연안용승 과정을 모식적으로 나타낸 그림. 해안에 나란한 방향으로 바람이 지속적으로 불면서 바람 응력을 바다 표층에 가하게 되면, 표층 해수가 지구 자전 효과로 이에 수직인 방향으로 수송할 수 있기 때문에, 연안의 해수가 외해로 수송되는 경우에는 깊은 바닷속 심층 해수가 표층으로 용승하 여 연안을 채우는 연안용승이 발생할 수 있다. [출처: 미 해양기상청(NOAA; National Oceanic and Atmospheric Administration) 북서태평양수산과학센터(NWFSC; Northwest Fisheries Science Center)의 웹페이지[70]]

깊은 바다일수록 해양생태계의 근간이 되는 식물 플랑크톤 생산에 필수 적인 질소, 인 등의 영양염이 풍부하므로, 연안용승이 일어나는 해역이 세 계적으로 잘 알려진 높은 어획량을 올리는 어장과 위치를 같이하는 것은 놀라운 일이 아니다. 전 세계 어획량의 약 25% 정도가 이러한 용승 해역

---

70   http://www.nwfsc.noaa.gov/research/divisions/fe/estuarine/oeip/db-coastal-upwelling-in-
dex.cfm#Figure8

에서 잡히고 있다. 연안용승 해역에는 식물·동물 플랑크톤, 어류뿐만 아니라 바다 포유류와 바다새의 개체 수도 풍부하다. 전 세계적으로 잘 알려진 4개의 동안경계류인 동태평양의 캘리포니아 해류(California Current), 페루 해류(Peru Current)와 대서양의 카나리 해류(Canary Current), 벵구엘라 해류(Benguela Current)에서는 이러한 연안용승이 가장 활발하다. 그 외에 서안경계류와 국지적인 해역에서도 연안용승이 종종 발생하기도 하는데, 한국의 경우 울기 연안 등의 남동해안 외해나 묵호 등 동해 중부해안 외해에서 연안용승이 종종 발생하는 것으로 알려져 있다.

깊은 바다를 채우고 있던 해수는 영양염이 풍부한 반면, 앞에서 살펴본 것처럼 산소 농도와 pH가 낮아 수심이 얕은 동태평양 대륙붕 해역으로 용승하게 되면, 저산소나 낮은 pH 환경에 잘 적응하지 못하는 생물들이 타격을 받아 성장 능력이 저하되거나 종 다양성이 감소하는 등의 전반적인 생태계를 위협하는 요소가 될 수 있다. 특히 앞에서 다룬 해양산성화와 해양빈산소화가 진행됨에 따라 앞으로 이와 같은 산소 고갈과 산성화 효과는 동태평양 해양생태계에 점점 더 심각한 위협으로 다가올 것으로 예상되고 있는 상황이다.

용승지수(Upwelling Index)

연안용승은 해양의 생산력과 해양생태계의 근간이 되는 식물 플랑크톤 생산을 비롯한 전반적인 해양생태계에 큰 영향을 미치는데 이를 지수화한 것이 용승지수(upwelling index)이다. 1973년 엔드류 베쿤 박사(Dr. Andrew Bakun)는 용승을 일으키는 바람에 의해 먼 바다로 밀려나는 표층수의 부피를 계산하여 용승의 세기를 쉽게 수치화할 수 있는 용승지수를 발표하였다. 미 해양기상청(National Oceanic and Atmospheric Administration, NOAA)에서는 동태평양 북미 연안 15개 위치와 남미 연안 11개 위치에 표준 정점들을 지정하고, 북위 21~60도까지의 구역을 3도 간격으로 구성하여, 1947년부터 현재까지의 용승지수를 계산, 제공하고 있다(그림 4-2). 예를 들어 북부 캘리포니아 해류(northern California Current)에 해당하는 오리건 뉴포트(Newport, OR, 북위 45도) 연안의 용승지수 그래프를 보면 가장 강력했던 연안용승이 1965년부터 1967년까지 있었음을 알 수 있다(그림 4-2 아래).

이 용승지수는 그 편리성 때문에 해양생물과 수산 연구에도 매우 널리 활용되고 있다. 여러 학자들이 다양한 종에 대해 이 용승지수와의 연관성을 조사 · 연구해 오고 있는데, 특히 경제성이 높은 태평양 연어에 대한 연구가 활발하고, 지구온난화 등 환경변화에 대해 연어의 개체 수가 향후 어떻게 변화할지 예측하는 것에 관심이 높다. 특히 용승지수는 왕연어(Chinook salmon, 그림 4-3)[71]가 강에서 바다로 와서 생존하는 비율과도 통계적으로 의미 있는 상관관계가 있음을 밝힌 연구[72]가 있는데, 이 연구에서는 용승지수는 작은 연어가 성체로 성장하는 비율(smolt-to-adult survival)과 높은 관계가 있음을 보이고 있다.[73] [74]

---

71   왕연어는 최대 몸길이가 147cm 정도에 최대 몸무게가 약 62kg에 달하는 연어과의 물고기인데, 몸은 방추형이면서 유선형으로 심하게 옆으로 납작하며 1개의 등지느러미가 몸의 중앙에 위치하고 작은 가슴지느러미와 중앙 아래에 위치하는 배지느러미 및 가랑이형에 가까운 수직형의 꼬리지느러미를 가지고 있다. 캘리포니아 주 해안과 베링해, 오호츠크해 외에 한국 동해에도 분포하는 것으로 알려져 있다.

72   Scheuerell, M. D., and J. G. Williams (2005), Forecasting climate-induced changes in the survival of Snake River spring/summer Chinook salmon. *Fish. Oceanogr.* 14, 448-457.

73   두산백과사전.

74   두산백과사전.

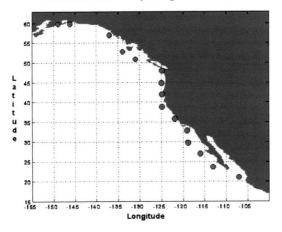

Standard Positions of Upwelling Index Calculations

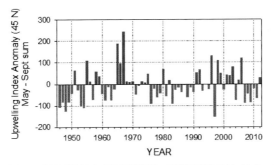

그림 4-2 (위) 용승지수 계산을 위한 북미 표준 정점들[출처: 미 해양기상청(NOAA; National Oceanic and Atmospheric Administration) 남서수산과학센터(SWFSC; Southwest Fisheries Scientist Center) 소속 태평양 수산환경연구소(Pacific Fisheries Environmental Laboratory)의 웹 페이지 [75]]. (아래) 북위 45도 정점의 1947년 이래 현재까지의 연도별 용승지수의 변화 예. 매년 5월부터 9월까지의 합으로 계산되었다[출처: 미 해양기상청(NOAA; National Oceanic and Atmospheric Administration) 북서태평양수산과학센터(NWFSC; Northwest Fisheries Science Center)의 웹페이지 [76]]

75 http://www.pfeg.noaa.gov/products/pfel/modeled/indices/upwelling/NA/click_map.html

76 http://www.nwfsc.noaa.gov/research/divisions/fe/estuarine/oeip/db-coastal-upwelling-in-dex.cfm#Figure9

그림 4-3 왕연어(Chinook salmon). 수심 200m 이내의 천해에 분포하며, 섭씨 5~22도의 수온에서 최적의 생활을 하는 것으로 알려져 있다. 산란기가 되면 원래 태어난 하천으로 거슬러 올라가 바닥이 모래인 곳에서 산란하며 3~5월경 부화한다.[77] 몇몇 개체를 제외하고 대체로 1년 이내에 민물을 벗어나 바다로 나간다고 한다. 막 바다로 나온 연어가 성체로 성장하는 비율은 용승지수와도 높은 관계가 있음이 최근 밝혀졌다.[78] [출처: 위키피디아[79]]

태평양 북동 지역 대기에는 겨울에 알루샨 저기압(Aleutian Low) 저기압 시스템이 발달하고 여름에 태평양 고기압 시스템이 발달한다. 겨울 동안 평균적으로 남쪽에서 불어오던 바람은 태평양 고기압이 발달하면서 남쪽을 향하는 바람(북풍)으로 바뀌고 이는 동태평양 연안에 앞에서 설명한 연안용승을 일으킨다. 겨울철 조건에서 용승을 일으키는 바람으로 바뀌는 것은 매우 짧은 시간에 갑자기 일어나는데, 위도에 따라 다르지만 보통 3월에서 6월 사이이다. 겨울철 조건에서 여름철 조건으로 전환되는 그 시작점을 봄철 전이(spring transition)라고 부르는데 이 시작 시기는 봄철에 일어나지만 해마다 차이가 난다. 이 시기는 전체 해양생태계에 중요한 영향을 미치는데 한 예로 연어의 생존이 봄철 전이와 연관이 깊

---

77   두산백과사전.

78   Scheuerell, M. D., and J. G. Williams (2005), Forecasting climate-induced changes in the survival of Snake River spring/summer Chinook salmon. *Fish. Oceanogr.* 14, 448-457.

79   http://en.wikipedia.org/wiki/Chinook_salmon, http://upload.wikimedia.org/wikipedia/commons/d/d8/Chinook_Salmon_Adult_Male.jpg

다는 연구가 있다[80]. 연어의 성장 사이클에서 먹이가 필요한 시기에 풍부한 먹이가 공급되어야 생존에 유리한데, 이 해역에서 식물 플랑크톤 생산에 결정적인 역할을 하는 연안용승이 먹이가 필요한 때에 일어나는지 아닌지의 여부는 그 상위 먹이사슬의 번식과 생존에 직접적인 영향을 미치는 것이다. 그림 4-4는 코호연어(Coho salmon)의 생존율이 봄철 용승의 시작 시기가 빠를수록 높다는 연구 결과를 보여주고 있다.

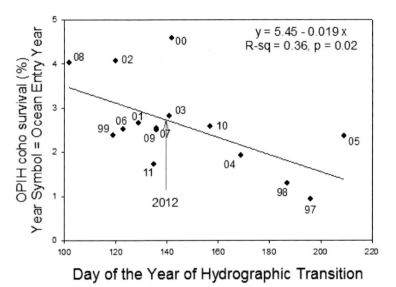

Day of the Year of Hydrographic Transition

그림 4-4 코호연어의 생존과 봄철 전이 사이의 상관관계. 여기서는 연중 바닥수의 수온이 섭씨 8도 이하로 떨어지는 시기를 봄철 전이가 일어나는 날로 정의하였다. 봄철 전이가 빨리 일어날수록 코호연어 생존율이 높으며, 반대로 늦게 일어날수록 생존율이 낮게 나타난다. 화살표는 2012년 봄철전이가 일어난 시기를 나타내며 코호연어 생존율은 아직 집계되지 않았다[출처: 미 해양기상청(NOAA; National Oceanic and Atmospheric Administration) 북서태평양수산과학센터(NWFSC; Northwest Fisheries Science Center)의 웹페이지[81]].

---

80   http://www.nwfsc.noaa.gov/research/divisions/fe/estuarine/oeip/dc-phys-spring-trans.cfm

계절변화의 변화

앞 장에서 엘니뇨와 태평양 기후변동들을 살펴보았듯이, 해마다 일어나는 계절변화이지만 그 시기와 정도는 해마다 차이가 있다. 봄, 가을이 없어졌다는 얘기를 할 만큼 봄, 가을이 상대적으로 짧아지고 있고 '기상 관측 이래 최고' 등의 수식어가 따라 붙는 등의 기상이변 등이 너무도 흔해져서 이제는 '기상 이변'이 더 이상 '이변'이 아니라고까지 한다. 미국 서부에서는 지난 40~50년간 라일락 개화 시기와 고원 지대의 눈이 녹기 시작하는 시기를 조사하여, 1~3주 정도 차이가 있으나 1970년대 후반 이후 해마다 봄이 점점 빨라지고 있다는 연구결과가 있기도 하다[81]. 이처럼 해마다 다르게 나타나는 계절 변화에 동식물 등 자연생태계는 적응해 가고 있는데, 이 같은 현상은 바다에서도 별반 다르지 않다. 한 예로 스크립스 피어(Scripps pier)에서 장기적으로 관측된 식물 플랑크톤 시계열 자료는 봄철 식물 플랑크톤 대증식(bloom) 시기가 해마다 점점 빨라지고 있으며 그 빈도는 점점 잦아지는 것을 보여주고 있다(그림 4-5, 4-6)[82].

봄철에 가장 활발한 연안용승과 봄철 대증식이 시작되는 시기는 해마다 몇 주 정도씩 다소 차이를 보이며, 위도에 따라서도 다른 양상을 보인다(그림 4-5 또는 4-7). 이 그림은 동태평양 북미 서부 해안을 따라 연안에서 100km 외해까지를 평균한 위성 관측 자료를 보여주고 있다. 공간적인 특성을 보면 세 개의 해역으로 나눌 수 있는데, 바하캘리포니아에서

동태평양, 과학으로 항해하다

---

81   Cayan, D. R., S. A. Kammerdiener, M. D. Dettinger, J. M. Caprio, and D. H. Peterson (2001), Changes in the onset of spring in the western United States. *Bull. Amer. Meteor. Soc.*, 82, 399415.

82   Kim, H. J., A. J. Miller, J. McGowan, and M. L. Carter (2009), Coastal phytoplankton blooms in the Southern California Bight, *Progr. Oceanogr.*, 82 (2), 137-147.

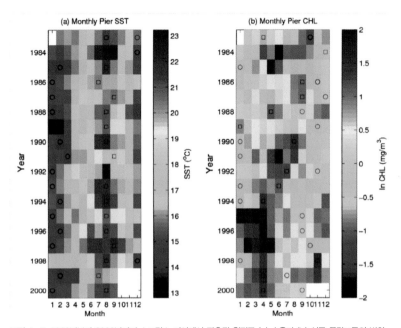

그림 4-5 1983년부터 2000년까지 스크립스 피어에서 관측된 월평균 (a) 수온과 (b) 식물 플랑크톤의 변화. 여기서 x-축은 월, y-축은 연도를 나타내며 수온과 식물 플랑크톤 농도는 색생으로 표시되어 있다. 수온에서는 계절변화가 뚜렷한 반면, 식물 플랑크톤 농도는 계절변화가 뚜렷하지 않은 것을 알 수 있다. 검은색 네모와 검은색 원은 각각 연중 최댓값과 최솟값을 나타낸다[출처: Kim et al., 2009[83]].

남부 캘리포니아에 이르는 북위 24~34도, 중북부 캘리포니아에 해당하는 북위 34~37도, 오리건 및 워싱턴 주 연안에 해당하는 북위 37~47도가 그것이다. 기본적으로 모든 해역에서 뚜렷한 계절변화를 보여주고 있지만, 바하캘리포니아와 남부 캘리포니아 해역에서 나타나는 식물 플랑크톤 대증식의 세기가 다른 북부 해역에 비해 약함을 알 수 있다. 해마다 대증식이 일어나는 시기와 세기에도 약간의 차이가 있는데 남부 캘리포니아에서는 2002년에 가장 큰 대증식이 일어났고 강한 엘

---

83   Kim, H. J., A. J. Miller, J. McGowan, and M. L. Carter (2009), Coastal phytoplankton blooms in the Southern California Bight, *Progr. Oceanogr.*, 82 (2), 137-147.

니뇨가 있었던 1998년 봄에는 매우 미약하였다. 전반적으로 오리건 워싱턴 주 해역에서는 다른 해역에 비해 매우 강한 대증식이 일어나는데 그 시기는 해마다 약간씩 차이가 있으나 대체로 봄철 및 여름철이다.

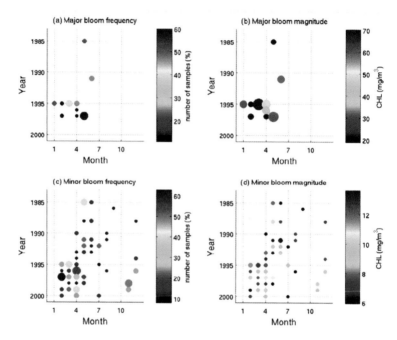

그림 4-6 1983년부터 2000년까지 월별로 관측된 (a, b) 주요 대증식(bloom)과 (c, d) 부수적인 대증식 각각에 대한 (a, c) 빈도와 (b, d) 강도 변화. 원의 크기는 대증식의 빈도와 강도에 비례하도록 나타내었다[출처: Kim et al., 2009[84]].

84 Kim, H. J., A. J. Miller, J. McGowan, and M. L. Carter (2009), Coastal phytoplankton blooms in the Southern California Bight, *Progr. Oceanogr.*, 82 (2), 137-147.

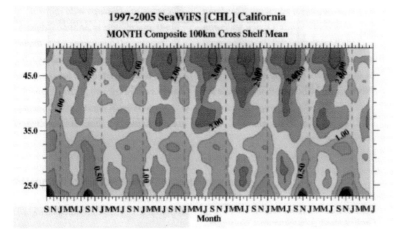

그림 4-7 위도에 따른 변화와 계절변화를 함께 보여주는 그림. 원격탐사 방법으로 1997년부터 2005년까지 측정된 해안선에서부터 100km 외해까지의 식물 플랑크톤 농도를 평균하여 계산된 결과를 보여준 다. 바하캘리포니아(Baja California)의 남쪽 끝에 해당하는 북위 23도에서부터 미국과 캐나다의 국 경에 해당하는 북위 49도까지 나타내었다[출처: Hickey and Banas, 2008 또는 Legaard and Thomas, 2006[85]].

주로 봄철에 나타나는 연안용승은 해마다 그 시작 시기와 강도가 약간씩 다르게 나타난다. 그 변화 중에서도 특히 2005년은 오리건 해안의 연안용 승에 있어 매우 특이한 해로 주목할 만하다. 이 해에는 연안용승으로 인한 봄철 변화가 5월 24일 시작되었는데, 이는 평년에 비해 약 한 달 이상 늦 은 것이었다[86]. 첫 번째 큰 연안용승은 평년보다 2달 정도나 늦은 6월 말에 서야 발생했고, 7월 이후에는 큰 연안용승이 발생하지 않았다. 그러나 7월

85   Hickey. B., and N. Banas (2008), Why is the northern end of the California Current System so productive? *Oceanography* 21(4), 90107.Legaard, K., and A. Thomas (2006), Spatial patterns in seasonal and interannual variability of chlorophyll and sea surface temperature in the California Current. *J. Geophys. Res.* 111(C06032), doi:10.1029/2005JC003,282.

86   Barth, J. A., B. A. Menge, J. Lubchenco, F. Chan, J. M. Bane, A. R. Kirincich, M. A. McManus, K. J. Nielsen, S. D. Pierce, and L. Washburn (2007), Delayed upwelling alters nearshore coastal ocean ecosystems in the northern California current, *Proc. Nat Acad Sci.*, 104(10), 3719-3724.

초부터 중순까지 용승을 일으키는 바람이 평년보다 강하게 불면서, 9월부터는 누적된 용승의 세기가 평년과 같아졌다. 이러한 바람의 변화는 바다의 물리적 변화를 가져왔고 결국 해양생태계에까지 큰 영향을 미쳤다.

오리건 연안에서는 2005년 5월에서 7월 중순까지 평년보다 약한 용승의 영향으로 표층 수온이 약 섭씨 2도 정도 상승하였다. 가장 많이 상승한 곳은 섭씨 6.4도나 증가했다. 그러나 6월 중순과 7월에 일어난 용승 이벤트로 표층수온은 다시 거의 평년 수준으로 내려갔고, 7월 중순에 들어서는 오히려 평년보다 낮은 수준까지 떨어졌다. 6월 중순의 용승은 평년보다 약했으나 7월의 용승은 평년보다 강했기 때문이다. 중부 캘리포니아 연안에서도 봄철 표층 수온이 평년보다 섭씨 2~3도 정도 높았다. 이렇게 감소된 봄철 용승의 영향으로 2005년에는 미서부 연안에서 전반적으로 평년보다 낮은 식물 플랑크톤 농도와 평년보다 낮은 영양염 농도가 관측되었다[87].

이러한 변화는 해양생태계 전체로 퍼져나가, 평년보다 2달 정도 늦게 나타난 2005년 강한 용승이 홍합과 따개비의 점진적 증가에 매우 심각한 영향을 미쳤다고 한다. 5월에서 8월 사이의 홍합 점증(漸增)은 관측이 시작된 이래 가장 낮은 수치를 보였고, 9~10월 들어서는 뒤늦게 다시 강해진 용승으로 인해 오리건 연안 10개 관측소 대부분에서 평년보다 높은 홍합 점증 수치를 보였다. 따개비 역시 봄철 점증이 눈에 띄게 감소하였다고 한다. 이는 약화된 용승으로 인해 표층수에 영양염 공급이 줄어들었고, 따라

87   Barth, J. A., B. A. Menge, J. Lubchenco, F. Chan, J. M. Bane, A. R. Kirincich, M. A. McManus, K. J. Nielsen, S. D. Pierce, and L. Washburn (2007), Delayed upwelling alters nearshore coastal ocean ecosystems in the northern California current, *Proc. Nat Acad Sci.*, 104(10), 3719-3724.

서 홍합 따개비 등의 먹이가 되는 식물 플랑크톤 생산이 크게 감소한 결과로 해석되고 있다. 같은 시기에 북부 캘리포니아 해류에서 관측된 동물 플랑크톤의 감소 역시 이러한 해석과 일맥상통한다. 평년보다 늦어진 용승작용으로 인해 적은 영양염이 공급되면서 이 효과는 먹이망(food web)을 통해 해양생태계 전체에 퍼져나간 것으로 보인다. 플랑크톤의 감소는 이들을 먹이로 하는 바다 새나 해양포유류에까지 심각한 영향을 줄 수 있다.

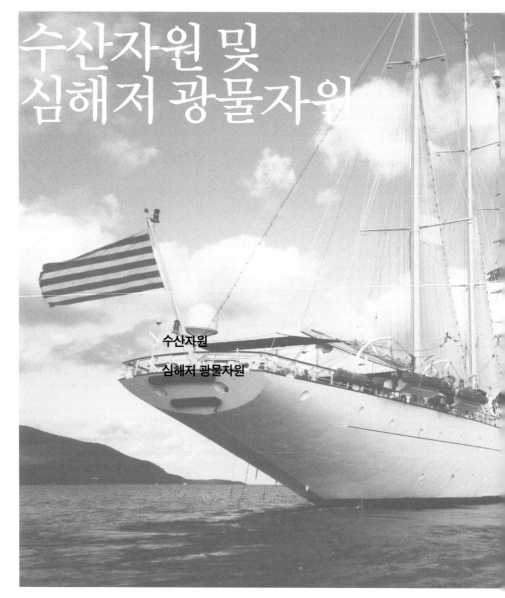

수산자원 및
심해저 광물자원

수산자원

심해저 광물자원

"너무 많은 대가를 지불하는 것은 현명하지 못하지만, 그렇다고 너무 적은 대가를 지불하는 것은 더더욱 현명하지 못한 일이다. 너무 많은 대가를 지불하면 돈을 조금 잃게 되는 것뿐이지만, 너무 적은 대가를 지불하면, 종종 모든 것을 잃게 된다. 왜냐하면 네가 산 그것이 그것을 사서 하려고 했던 일을 할 수 없었기 때문이다

(It's unwise to pay too much, but it's worse to pay too little. When you pay too much, you lose a little money-that is all. When you pay too little, you sometimes lose everything, because the thing you bought was incapable of doing the things it was bought to do)."

- 존 러스킨(John Ruskin, 1819~1900)

Part 5. 수산자원 및 심해저 광물자원

앞에서는 동태평양의 변화무쌍한 해양환경과 그 해양생태계에 대해 살펴보았고, 여기서는 동태평양이 가진 자원, 특히 수산자원과 지하자원에 대해 살펴보려고 한다. 계절적으로 매년 발생하는 연안용승 현상으로 인해 동태평양에는 세계적으로 가장 큰 어장 중 하나가 형성되고 있다. 그러나 아무리 풍부한 수산자원을 가지고 있더라도 무분별한 남획이 이루어지고 이를 과학적으로 잘 관리하지 않는다면 머지않아 어장이 고갈되는 결과를 가져올 수 있다. 또, 앞에서 살펴본 기후변동은 수산자원에까지 큰 영향을 미칠 수 있어서 어획량이나 반입량의 장기적인 변화와도 관계가 깊다. 예를 들어, 식량 자원으로서 매우 중요한 위치를 차지하는 정어리의 경우 1940~1950년대에 동태평양에서의 어획량이 큰 폭으로 감소했다가 다시 1980~1990년대에 이르러 서서히 회복되어 현재까지 유지되고 있다. 이것이 인간의 지나친 어획활동으로 인한 것인지, 자연적인 해양환경 변동에 의한 것인지, 이 둘 모두에 의한 것인지를 밝히는 것은 그리 단순하지 않은 일이다. 하지만 현재까지 수집된 자료와 연구 결과들을 살펴보면 엘니뇨 라니냐, 태평양십년진동, 북태평양 환류진동 등의 자연적인 기후변동이 동태평양의 해양환경 및 생태계에 큰 변화를 가져오고 있는 것은 분명하다. 이 변화들은 수산자원의 변동으로 이어진다. 비교적 최근까지도 수산자원의 성쇠와 기후변동을 연관 지으려는 시도 자체를 무모한 것으로 생각하는 시각이 있었지만 최근의 연구들은 과거 수산자원의 변동이 기후변동과도 의미 있는 상관관계를 가지고 있다는 증거들을 보여주고 있다.

수산자원뿐만 아니라 동태평양의 해저에는 광물자원도 매우 풍부한 편이다. 구리 · 니켈 · 코발트와 같은 산업적 수요가 큰 금속광물을 다량 함유하고 있어 '검은 진주' 등으로 불리는 망간단괴를 개발할 수 있는 단독개발광구를 한국도 동태평양 클라리온-클리퍼톤 해역에 가지고 있으며, 망간단괴 부존율이 높고 품질이 좋으며 지형이 평탄한 4만km²의 우선채광지역을 중심으로 상업생산 기반구축을 목표로 한 연구를 수행 중이다. 여기서는 최근에 밝혀진 동태평양의 수산자원과 심해저 광물자원에 대한 주요 연구결과들을 소개하고자 한다.

수산자원

수산자원을 관리하는 데 겪는 큰 어려움 중 하나는 자연환경 변동과 인간의 어획 활동으로 인한 변동을 구분하는 것이다. 늘 변화하는 자연환경에서 인간활동이 미치는 영향이 어느 정도인지를 따로 구분지어 산정하는 것은 매우 어렵다. 예를 들어 1940년대 있었던 캘리포니아 해류에서 정어리 어획량의 급격한 감소가 자연적인 현상인지 인간의 어획활동이 도를 지나쳐 생긴 현상인지 알아내는 것은 그리 단순하지 않은 작업이다. 그런데 최근 미 스크립스 해양연구소 소속의 치하오 서 박사(Dr. Chih-hao Hsieh)와 조지 수기하라 교수(Prof. George Sugihara) 등 일부 과학자들은 이 어려운 문제를 푸는 매우 재미있는 분석법을 찾아내었다. 50년 이상 축적되어 온 캘리포니아 협동해양수산조사(CalCOFI) 프로그램의 유생 어류(larval fish) 조사 자료를 이용하여 같은 환경에서 살고 있는 여러 종의 유생 어류 중, 어획의 대상이 되는 종과 그렇지 않은 종을 비교하는 분석 방식[88]으로 그들은 어

---

88   Hsieh, C., C. S. Reiss, J. R. Hunter, J. R. Beddington, R. M. May, and G. Sugihara (2006).

획의 대상이 되는 종들의 개체 수가 그렇지 않은 종의 개체 수에 비해 현저히 높은 시간 변동성을 보이는 점을 발견할 수 있었다. 인간의 어획활동은 시장 가치가 있는 크기의 물고기를 잡는데, 이는 자연적인 해양생태계에서 나타나는 생장단계별 개체 수 분포를 인위적으로 변형시키게 된다. 이런 기형적인 분포를 갖는 해양생태계는 어떤 환경 변동이 있을 때 잘 적응하지 못하고 쉽게 무너지는 불안정한 특성을 갖게 된다. 반면 균형 있는 생장단계별 분포를 갖는 비상업적인 어종은 어떤 환경적인 방해를 받아도 비교적 쉽게 복원되는 특성을 갖게 된다. 따라서 향후 수산자원을 관리하는 데 단순히 생물량만을 규제하는 것에 그칠 것이 아니라 그 종의 연령 구조까지 고려하는 좀 더 진화된 차원의 수산자원 관리가 필요하게 될 것이다.

캘리포니아 연안에서 잡히는 상업적인 어종은 외양성의 던저니스 크랩(Dungeness crab)과 상업 오징어(market squid)가 주를 이룬다. 약 1억 3~4천만 달러에 상당하는 3만~3만 1천 톤의 던저니스 크랩이 2010~2011년에 미국에 반입되었다. 던저니스 크랩 반입량의 약 29%는 캘리포니아 연안에서 이루어졌는데, 현재 캘리포니아뿐만 아니라 워싱턴과 오리건의 미 서부 동태평양 연안 전체에서 어획되고 있다. 2010~2011년에 잡힌 던저니스 크랩은 캘리포니아 주가 오리건 주보다 약간 많은 정도였다. 같은 해에 상업 오징어의 미국 반입량은 약 1억1천만 달러에 해당하는 15만~15만 3천 톤이었고, 약 81%가 캘리포니아 연안에서 잡혔다. 오징어에 비해 던저니스 크랩은 작은 부피의 높은 가치를 지닌 수산자원이라고 할 수 있다. 캘리포니아 상업 오징어 어장에 대해서는 아직 그리 많은 연구가 이루어지지는 않았다. 상업 오징어 어장 연구는 1970년대 후반에서야 시작되었

Fishing elevates variability in the abundance of exploited species, Nature, 443, 859862.

는데, 1980년대 중반부터 꾸준히 어획량이 증가하는 추세를 보이고 있다. 하지만 1982~1983년과 1997~1998년같이 엘니뇨가 일어났던 해에는 어획량이 단기적으로 큰 폭의 감소를 보이기도 하였다(그림 5-1 위). 역사적으로 상업 오징어의 어획은 캘리포니아 몬터레이(Monterey)에서 기원되었으나 대부분의 반입은 남부 캘리포니아에서 이루어지고 있다. 상업 오징어 어획량은 2000~2009년에 감소되어 2005년부터는 어획량의 규제가 시작되었다.

또 다른 중요한 어종으로 정어리를 꼽을 수 있는데, 1930년대까지 호황을 누렸던 태평양 정어리 산업은 1940년대 어장 붕괴 이후 계속 주춤한 상태를 유지하고 있으며, 2010~2011년에는 약 1천2백만 달러에 해당하는 4만 6천~6만 6천 톤의 미국 반입량을 보였다(그림 5-1 아래). 미국 캘리포니아 연안에서 가장 높은 정어리 어획량을 보였던 해는 1936년으로서 당시 79만 8천 톤의 반입량이 있었다. 이후 1940년대에 붕괴되었던 정어리 어장은 1985년 이후 다시 회복하기 시작했다. 그 이후 캘리포니아에서 가장 큰 연간 반입량을 보였던 해는 2007년으로서 81만 톤까지 증가했다. 정어리는 특히 연안 외양성 어종 중에서 가장 큰 비중을 차지하는 중요한 상업종이라 할 수 있다. 이외에도 북부 멸치와 고등어 등의 상업적인 어종들이 있지만 정어리에 비해 그리 큰 비중을 차지하지는 않는다.

동태평양, 과학으로 항해하다

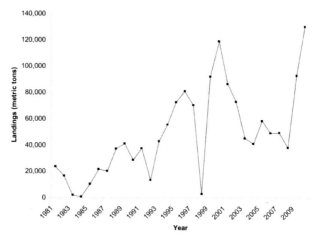

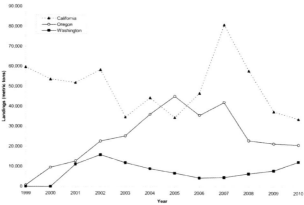

그림 5-1 (위) 마켓 오징어(market squid, *Loligo opalescens*)의 1981~2010년 기간 캘리포니
아 반입량(landings) 변화, (아래) 태평양 정어리(Pacific sardine, *Sardinops sagax*)의
1999~2010년 캘리포니아, 오리건 및 워싱턴 상업적 반입량[출처: California Department
of Fish and Game, 2011[89]].

89   California Department of Fish and Game (2011), Review of selected California fisheries
for 2010: Coastal pelagic finfish, market squid, ocean salmon, groundfish, highly migratory
species, Dungeness crab, spiny lobster, spot prawn, Kellet's whelk, and white seabass. *Cali-
fornia Cooperative Oceanic Fisheries Investigations Reports* 52, 1335.

페루에서의 멸치 어획량은 1970년과 1994년에 모두 1천3백만 톤에 달했고, 지금까지도 멸치가 주를 이루고 있는 페루의 수산업 규모는 미국 캘리포니아 수산업의 10배 이상이라고 할 수 있다. 페루에서는 2009년에 691만 4천 톤의 반입량이, 2010년에 426만 1천 톤의 멸치 반입량이 있었다. 2010년과 2011년에 미국에서 잡힌 모든 수산자원은 각각 373만 3천 톤과 447만 2천 톤이었다. 그나마도 알래스카 대구와 대서양 청어가 가장 많이 잡힌 어종이어서 캘리포니아의 수산업 규모는 페루 수산업이나 미국 타 주의 수산업 규모에 비해 그리 큰 편이 아니라고 할 수 있다.

정어리와 멸치는 바다로부터 오는 단백질의 약 21~43% 정도를 제공하는데 이들 어획량의 변화는 기후변동과 연관이 크다. 앞에서 언급한 것처럼 동태평양 캘리포니아 해류 지역의 어장에서는 정어리 어획량이 1940~1950년대에 큰 폭으로 감소했다가 1980~1990년대 들어 서서히 회복하기 시작하여 현재 수준에 이르렀다(그림 5-2 위에서부터 첫 번째 파란색 그래프). 그런데 1980년대에는 캘리포니아 어장뿐만 아니라 동태평양 훔볼트(Humboldt) 해류 지역의 칠레, 페루 연안 어장과 서태평양의 한국, 중국, 일본, 러시아 어장에서까지 모두 정어리 어획량의 증가를 보이고 있다(그림 5-2 두 번째 및 세 번째 파란색 그래프). 단, 벵구엘라(Benguela) 해류 지역의 남미비아, 남아공 연안 어장에서는 반대로 1950~1960년대에 정어리 어획량이 크게 늘었다가 1980년대에 어장이 거의 붕괴된 것을 알 수 있다(그림 5-2 네 번째 파란색 그래프). 특히 캘리포니아 어장처럼 장기간의 자료가 존재하는 한국 · 중국 · 일본 · 러시아 어장에서도 1940년대 정어리 산업의 붕괴가 나타나, 이러한 현상이 캘리포니아 어장에만 국한된 것이 아님을 잘 보여주고 있다.

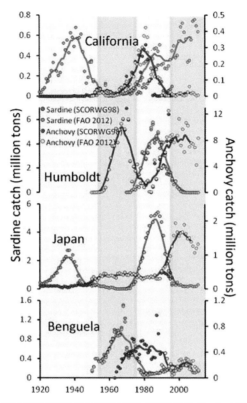

그림 5-2 전 세계 주요 어장의 정어리와 멸치 어획량 시계열: 캘리포니아(California, 미국 및 멕시코), 훔볼트 (Humboldt, 칠레 및 페루), 일본(Japan, 한국, 중국, 일본, 러시아/소련), 벵겔라(Benguela, 남 미비아 및 남아공). 1920~1997년의 SCOR (Scientific Committee on Oceanic Research) WG98(Working Group-98[90])자료와 1950~2011년 FAO(Food and Agriculture Organization of the United Nation) fisheries statistics 자료를 사용하였으며, 11년 이동평균 선으로 정어리(파란색)과 멸치(빨간색)의 변화를 나타내었다. 파란색과 붉은색으로 음영 처리된 기간 은 태평양에서 정어리와 멸치 각각이 우세한 기간을 의미한다. (PNAS is not responsible for the accuracy of this translation.)[출처: Lluch-Cota, 2013[91]]

90   "Worldwide Large-scale Fluctuations of Sardine and Anchovy Populations" approved in 1992, supported by US National Science Foundation

91   Lluch-Cota. S. E. (2013), Modeling sardine and anchovy low-frequency variability, PNAS, 110(33), 1324013241.

동태평양 칠레, 페루 연안 어장의 멸치 어획량은1960년대 9백만 톤 이상의 최고까지이르렀다가 감소하기 시작해서 1980년대에는 거의 잡히지 않는 수준으로 크게 감소하였는데, 이후 다시 회복되어 2000년대에는 8백만 톤 수준의 어획량을 유지하고 있다(그림 5-2 두 번째 빨간색 그래프). 1980년대 후반 이후의 멸치 어획량 회복은 서태평양의 한국, 중국, 일본, 러시아 어장에서도 잘 나타나고 있다(그림 5-2 세 번째 빨간색 그래프). 그러나 캘리포니아 어장과 남미비아, 남아공 연안 어장에서는 1980년대부터 멸치 어획량이 크게 감소하여 1990년대 이후 거의 어장이 붕괴되어 있는 상태이다(그림 5-2 첫 번째 및 네 번째 빨간색 그래프). 이처럼 정어리와 멸치의 큰 어획량을 보이는 기간이 주요 어장에서 희비가 교차하며 교대로 나타나는 현상은 전 지구적 기후변동과도 관계된 것으로 보인다. 수산자원의 변동에 미치는 기후변동의 효과는 화석 등 자연에 기록된 장기간의 자료를 분석한 연구 결과에서도 볼 수 있다. 오늘날에는 수산식품에 대한 수요가 늘고 어로 기술도 획기적으로 발달하여 지구촌 곳곳에서 남획에 의한 수산자원의 고갈 현상이 발생하고 있지만, 인간이 어획 통계기록을 하기 시작한 100여 년 전보다도 더 이전부터 존재하는 자연의 기록을 통해 과거 수산자원의 변동을 파악할 수 있다면 수산자원 변동에 미치는 기후변동의 효과를 좀 더 장기적으로 살펴볼 수 있을 것이다. 때문에 과학자들은 어획자료뿐만 아니라 오랜 자연의 기록에서도 수산자원의 변동을 파악하려고 노력 중이다. 한 가지 흥미로운 연구 결과는 어류에서 떨어진 비늘이 썩지 않고 퇴적층에 보관되는 특성을 이용하여, 해저의 퇴적층에서 발견되는 정어리와 멸치의 비늘 수를 헤아려 이들 수산자원의 양을 추정하는 연구[92]이다. 흥미로운 것은 이렇게 재구성된 장기간의 정어리

92   Baumgartner, T. R., A. Soutar, and V. Ferreira-Bartina (1992), Reconstruction of the history of pacific sardine and northern anchovy populations over the past two millennia from sediments of the Santa Barbara Basin, California. *California Cooperative Oceanic Fisheries*

생물량(biomass) 변동에서 1930년대에의 활발했던 정어리 어장과 1940년대 정어리 어장 붕괴 이후 감소된 1950년대의 매우 낮은 어장 특성을 볼 수 있다는 점이다(그림 5-3 위). 비슷하게 과거 1700년간의 멸치 어장 성쇠도 이 자료에서 볼 수 있는데(그림 5-3 아래), 이 같은 정어리와 멸치의 생물량 변동을 통해 남획은 물론 본격적인 어업활동 자체가 없었던 시기에도 수산자원이 자연적인 기후변동과 관련하여 성쇠를 반복했음을 알 수 있다.

주요 연안용승 어장에서 관측된 정어리와 멸치 어획량의 성쇠는 오랜 연구에도 불구하고 아직까지도 여전히 논쟁 중인 부분이 많다. 최근 캘리포니아 해류 생태계의 경우를 대상으로 한 모델 연구[93]는 1661년 이후 이러한 정어리와 멸치 어획량의 성쇠를 종마다 가지는 독특한 생애 주기 특징을 이용하여 기후변동과 직접적으로 연관된 부분을 비교적 정확히 찾아 재구성함으로써 그 역학적인 해석을 시도하기도 하였다. 더 나아가 과학자들은 인간의 어획활동이 이러한 역학을 얼마나 변형하여 어떤 방식으로 1940~1950년대의 정어리 산업 붕괴 등을 가져올 수 있었는지에 대해서도 해석하고 있다. 향후 이 같은 해석들을 바탕으로 캘리포니아 해류 생태계 및 다른 연안용승 생태계의 주요 어장 수산자원들을 지속가능한 방향으로 잘 관리할 수 있게 될 것이다.

Investigations Reports 33, 2440.

93 Lindegren, M., D. M. Checkley, T. Rouyer, A. D. MacCall, and N. C. Stenseth (2013), Climate, fishing, and fluctuations of sardine and anchovy in the California Current, PNAS, 110(33), 1367213677.

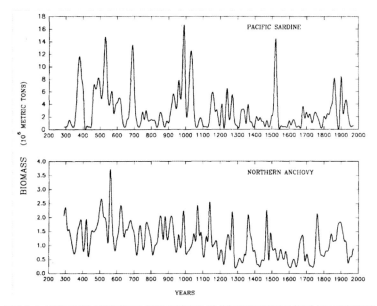

그림 5-3 과거 1700년 동안의 캘리포니아와 바하캘리포니아 (위) 태평양 정어리 및 (아래) 북부 멸치 생물양
(biomass) 변동[출처: Baumgartner et al., 1992[94]]

심해저 광물자원

개체 수에 있어 자연적·인위적으로 변화무쌍한 변동을 보이는 수산자
원과 달리, 지하자원의 경우에는 활발한 채굴이 있는 경우가 아닌 이상 대
부분 보전되어 있는 상태라고 할 수 있다. 아니 오히려 심해저 광물자원
의 경우에는 아직 본격적인 개발보다는 아직 이를 위한 사전 준비 작업에
해당하는 해양과학기술 및 산업기반 잠재력 등을 갖추는 데 노력하고 있

---

94   Baumgartner, T. R., A. Soutar, and V. Ferreira-Bartina (1992), Reconstruction of the history
of pacific sardine and northern anchovy populations over the past two millennia from se-
diments of the Santa Barbara Basin. California. *California Cooperative Oceanic Fisheries
Investigations Reports* 33, 2440.

는 상태라고 보는 편이 더 타당할 것이다. 푸른행성지구 시리즈의 첫 편[95]에서도 소개한 바 있는 것처럼 자원의 보고로 알려진 바다에는 그 속에 녹아 있는 용존자원과 심해저 광물자원 등 그 개발 가능성이 큰 자원들이 많아서, 고갈되어 가는 육상자원의 문제에 직면한 우리에게 희망을 주고 있다. 특히 '바다의 검은 금덩어리', '바다의 보물', 혹은 '검은 진주'로 불리는 망간단괴는 그동안 비교적 많은 개발이 진행되어온 자원 중 하나이다. 망간단괴는 검고 둥글둥글한 금속광물 결집체로 망간뿐만 아니라 구리, 니켈, 코발트와 같은 유용한 금속광물을 다량 함유하고 있다. 화학 정유시설에서부터 전기제품, 자동차 관련 소재와 건축 설비 등에 이르기까지 이들 금속광물의 수요는 꾸준히 증가해왔지만 금속광물의 자급률이 1% 미만일 정도로 자원 부존량이 적은 한국의 경우 대부분 전량을 해외 수입에 의존하는 금속광물 등을 위해서라도 자원개발이 필수적이라 할 수 있다. 특히 망간단괴는 1mm 성장하기 위해서도 수십만 년의 오랜 시간이 걸릴 정도로 매우 느린 성장을 하기 때문에 대륙붕이나 대륙사면과 같이 퇴적이 빨리 일어나는 천해에서는 잘 만들어지기 어렵고, 수천 미터 수심의 심해저에 주로 존재하게 되어 심해저 광물자원 개발을 위한 탐사 등의 기술을 요하고 있다. 1982년 당시에는 한국과학기술원 해양연구소(현 한국해양과학기술원)에서 심해저 광물자원 개발 참여를 검토하는 종합적인 연구를 최초로 수행하였다고 한다. 특히 미 스크립스 해양연구소가 발간한 망간단괴 분포도 및 세계 해양광물자원 탐사자료를 기초하여 동태평양 클라리온-클리퍼튼 해역을 대상으로 탐사해역과 연도별 50만km² 탐사 계획을 확정한 것은 참고무적인 일이라 할 수 있을 것이다. 1983년에는 하와이대학 연구선을 임차하여 20만km²의 해역에서 최초로 지구물리탐사(탄성파, 중력, 지자기탐사)와

---

95   남성현 (2012), 바다에서 희망을 보다, 이담출판사, 116쪽.

심해저 퇴적물, 시추 퇴적물 채취 및 일반 해양환경 조사 등의 종합 탐사를 수행하였고, 전용 탐사선 '온누리'호(1,400톤)가 건조된 1992년부터는 독자적인 탐사를 수행하면서 1983년부터 1993년까지 남한면적 19배에 달하는 총 188.4만km²의 방대한 해역에서 망간단괴 탐사를 수행할 수 있었다. 당시 해양연구소 과학자들은 탐사자료를 지질학적·지구물리학적·자원학적·해양학적으로 분석하고, 법학자 및 경제학자들은 탐사해역에 대한 유엔해양법협약[96]에 따른 법적 해석 및 경제성 분석을 하여 동태평양 망간단괴 탐사에 심혈을 기울였다고 한다.

이러한 노력들의 성과로 1994년에는 세계에서 일곱 번째로 유엔 산하 국제해저기구(International Seabed Authority, ISA)로부터 동태평양 클라리온-클리퍼톤에 15만km²의 할당광구를 인준 받고, 이후 8년 동안 선행투자가로서의 의무사항을 이해하여 2002년에는 7만 5천km²의 단독개발광구를 확정 받기까지 하였다. 최근에는 그중 망간단괴 부존률이 높고 품질이 좋으며 지형이 평탄한 4만km² 해역을 우선 채광지역으로 선정하였고, 이제는 상업생산 기반구축을 목표로 개발 등급 선정, 최적 채광지 확보를 위한 광구 정밀탐사와 채광으로 인한 환경변화 평가를 위한 환경연구 등을 수행하고 있다고 한다. 또, 망간단괴를 효율적으로 채취하기 위한 집광기와 양광기도 자체 개발 중이며, 함유 금속을 경제적으로 추출하는 제련시스템도 개발 중이다(그림 5-4). 이 채광지역의 망간단괴 부존율은 m²당 7kg씩으로 부존량은 총 2억 7천5백만 톤에 달한다고 하여, 40년간 연간 300만 톤씩 생산할 경우 연간 2조 원 이상의 수입대체효과가 있을 것으로 기대되고 있다.

---

96 유엔해양법협약에는 공해상에서 망간단괴 개발광구를 등록하는 조건으로 광구 탐사비를 포함한 총 투자비 3,000만 달러 이상, 30만km²의 광구해역확인 및 유엔해양법협약 서명 등을 규정하고 있다(두산 동아대백과사전).

그림 5-4 심해저 광물자원 개발 개념도[출처: 2007년 4월 22일자 한국일보 기사[97]].

동태평양 해저에 풍부한 지하자원 중에서 빼놓을 수 없는 것 중 또 하나는 바로 최근 크게 각광받고 있는 희토류(rare-earth elements)이다. 최근 과학자들은 동태평양을 중심으로 800억에서 1천억 톤에 달하는 어마어마한 규모의 희토류가 매장되어 있는 것을 발견하였는데, 이는 현재 사용 가능하다고 알려진 육상 매장량의 거의 천 배에 달하는 양이다. 현재까지도 대부분 (97%) 중국에서만 생산되고 있는 희토류의 중요성은 앞으로 계속해서 부각될 것으로 보이는데, 그것은 희토류가 자동차와 반도체를 비롯하여 휴대폰, 디스플레이, 그리고 녹색 에너지 기술과 같은 첨단 산업의 생산에 필수적인 미래 전략 광물이기 때문이다. 더구나 중국의 희토류 정책이 점점 자원민족주의화되어 가면서 미국, 일본과 같은 선진국들도 자국 내 희토류 생산을 재개하거나 자원 재활용 방법을 찾는 등으로 대응해 나가고 있는 중이어서 동태평양 해저의 막대한 희토류 매장 소식은 크게 주목받고 있다. 게다가 반도체, 휴대폰 등 신세대 전자기기들에 대한 시장이 빠른 속도로 커지고 있는 가운데 희토류에 대한 시장 필요성 역시 크게 증가하고 있으므로 이 동태평양 해저의 지하자원은 채광 기술의 발달과 더불어 앞으로 더욱 주목받게 될 것이다. 태평양 전역의 78개 구역에서 수집된 심해저 퇴적물 자료를 분석한 이들의 추정치에 따르면 한 개 사이트 주변의 단지 1km²만으로도 현재 전 세계 희토류 소비량의 1/5을 공급받을 수 있게 될 것[98]이라고 한다.

아직도 여전히 우리는 심해저에 어떤 자원들이 얼마나 많이 존재하고 있

Part 5. 수산자원 및 심해저 광물자원

원본 자료: 한국해양과학기술원 형기성 박사

98   Kato, Y., K. Fujinaga, K. Nakamura, Y. Takaya, K. Kitamura, J. Ohta, R. Toda, T. Nakashima, and H. Iwamori (2011), Deep-sea mud in the Pacific Ocean as a potential resource for rare-earth elements. *Nature Geoscience* 4, 535-539.

는지 다 파악하지 못하고 있는 상태이다. 그러나 작년(2012년) 6월 월스트리트 저널(The Wall Street Journal)에는 바닷속 채광을 향후 50조 달러의 산업으로 전망하는 기사[99]가 실리는 등 심해저 광물자원과 그 탐사 및 채광 등 관련 기술의 발달은 최근 '바다의 골드러시'로까지 불리며 크게 주목받고 있는 중이다[100]. 특히 로봇기술, 수중 시추기술, 컴퓨터 매핑(mapping)기술 등의 급격한 발달과 광물자원 가격의 급격한 상승은 동태평양 해저에 매장된 엄청난 양의 희토류를 비롯한 금 · 은 · 구리 · 니켈 · 아연 등의 자원들을 추출할 수 있는 채광 기술을 점점 더 빠르게 발달시키고 있으며, 이에 따라 그 비용은 점점 줄어들고, 이러한 심해저 광물 자원들의 본격적인 개발 시기는 점점 가까운 미래로 다가오는 중이다. 유엔 산하 국제해저기구(ISA)는 한국 · 중국 · 일본 · 러시아와 같은 국가들의 동의하에 공해상의 채굴 활동들을 조정하기 위한 새로운 협약들을 최근 다시 체결하는 등 분주해지고 있다. 일부 환경론자들은 너무 급작스런 심해저 광물자원의 개발이 해양생태계 등을 훼손할까 하는 우려 또한 제기하고 있는 상태이다.

---

99   "Next Frontier: Mining the Ocean Floor", 2012년 6월 4일자 월스트리트 저널(The Wall Street Journal)에 실린 기사, 기사원문: http://online.wsj.com/news/articles/SB1000142405 2702303395604577434660065784388

100   http://www.resourceinvestor.com/2012/06/25/cashing-in-on-underwater-mining, http://news.nationalgeographic.com/news/2013/13/130201-underwater-mining-gold-precious-metals-oceans-environment/

동태평양 모니터링의 현재와 미래

"평가 없이 관찰할 수 있는 능력은 가장 고도의 지적 형태이다

(The ability to observe without evaluating is the highest form of intelligence)."

- 지두 크리슈나무르티(Jiddu Krishnamurti)

Part 6. 동태평양 모니터링의 현재와 미래

지금까지 동태평양의 해양생태계, 엘니뇨와 태평양 기후변동, 계절변화와 연안용승, 그리고 동태평양의 수산자원과 심해저 광물자원에 대한 연구결과들을 소개하였다. 이러한 연구결과들은 대부분 동태평양에서 실제 관측을 통해 확인되고 있으며, 대부분 실제 바다에서 수집된 자료를 분석함으로써 새롭게 발견할 수 있었던 것들이다. 동태평양의 다양한 해양과학적 현상들을 통해 변화무쌍한 해양환경과 그 해양생태계가 형성되고 끊임없이 변화를 거듭하게 되는데, 만약 이에 대한 지속적인 모니터링이 계속해서 이루어지고 있지 않다면 변화하는 환경 속에서 벌어지는 다양한 해양현상들을 이해하지 못할 뿐만 아니라 앞으로 벌어질 변화들을 제대로 예측하지 못함으로써 기후변화 적응, 재해 저감, 자원 활용 등의 유익을 얻기는커녕 변화하는 기후 속에서 기상이변과 재해·재난, 환경오염과 자원고갈 등의 큰 어려움들에 봉착하게 될 것이다. 앞에서 살펴본 미하와이 마우나로아(Mauna Loa) 관측소의 대기 중 이산화탄소 농도 관측이나 해양 시계열 정점 ALOHA에서 관측된 이산화탄소 분압 및 pH의 장기적인 모니터링은 바로 이러한 노력들이 지구환경의 변화를 이해하고 예측하는 데 얼마나 중요한 역할을 했는지를 단적으로 보여준다.

이처럼 동태평양의 해양환경과 해양생태계를 지속적으로 모니터링하고 있는 것은 매우 중요한데, 고무적인 일은 해양관측 역사가 길고 일찍부터 여러 관측프로그램을 통해 장기간의 자료를 수집해 온 동태평양에서는 오늘날까지 지속적인 모니터링 프로그램들이 비교적 잘 유지되고 있다는 점이다. 경제적 어려움 등의 여러 문제에도 불구하고 이 같은 모니터링

동태평양, 과학이 로 항해하다

노력은 앞으로도 지속되거나 개선 · 보완해가며 더욱 활발해질 것으로 보인다. 여기서는 앞의 1장에서 소개했던 동태평양의 해양관측 프로그램들을 중심으로 지속적인 동태평양 모니터링을 위한 각 프로그램들의 현황과 개선 · 보완책, 그리고 장기적인 미래 모니터링 전망에 대해 소개하기로 한다.

캘리포니아 협동해양수산조사(CalCOFI) 및 남부 캘리포니아 연안의 해양 모니터링 프로그램들

이미 1장에서 언급한 것처럼 동태평양 해양관측사에서 캘리포니아 협동해양수산조사(CalCOFI, http://calcofi.org/) 프로그램을 빼고는 이야기할 수 없을 정도로 중요한 이 프로그램은 이미 60년 이상 지속되어 왔으며, 앞으로도 계속해서 유지되어야 할 필요가 충분하다. 물론 초기의 광활한 해역(그림 1-1)을 모두 조사하지는 못하지만, 앞으로도 75개의 핵심 정점(그림 1-2 좌) 혹은 확장형의 113개 정점(그림 1-2 우)에서 분기별로 종합적인 수로 관측과 그물끌기 등의 수산 관측을 지속할 계획이다. 또, 이에 상응하는 멕시코의 IMECOCAL(Investigaciones Mexicannas de la Corriente de California) 프로그램을 통해 바하캘리포니아 해역(그림 1-3)에서도 비슷하게 장기적인 모니터링이 유지되고 있으며, 마찬가지로 향후 계속해서 이러한 관측을 지속해야 함에는 이견이 없다고 할 수 있다. 멕시코 엔세나다(Ensenada)에 과학연구와 고등교육을 위한 센터(Centro de Investigacion Cientificay de Educacion Superior de Ensenada, http://www.cicese.edu.mx)에서는 1998년 이후 IMECOCAL 프로그램을 주도하면서, 이 프로그램에 참여하고 있는 멕시코 내 여러 대학들과 관련 정부기관들은 물론 미 스크립스 해양연구소(https://scripps.ucsd.edu/) 등과도 협력하여 캘리포니아 협동해양수산조사 프로그램 초기의 광활한 해역의 상당 부분을 함께 연구, 관측하고 있는 중이며, 앞으로도 이러한 노력을 지속할 예정이다.

미 스크립스 해양연구소 소속의 데이브 체클레이 교수(Prof. Dave Checkley)에
따르면[101], 캘리포니아 협동해양수산조사 프로그램의 향후 가장 중요한
도전은 앞으로 이 프로그램을 어떻게 계속 지속할 수 있겠는가에 대한 것
이다. 그리고 그 다음으로 가장 중요한 도전은 어떻게 더 나은 프로그램으
로 혁신할 수 있겠는가에 대한 것이다. 지속과 혁신, 이 두 가지가 이 프로
그램의 미래를 결정하는 중요한 핵심이라고 할 수 있다. 체클레이(체클리)
교수가 2001년 CalCOFI 컨퍼런스에서 발표한 미래 CalCOFI 프로그램에
서 가능한 6가지 변화는 다음과 같다.

1. 임무 수정: 원래 초기에 이 프로그램은 정어리 어장 붕괴가 생태계와 해
   양환경변화와 어떤 관련이 있는지를 연구하는 것을 목적으로 시작되었
   다. 그러나 50여 년 동안 이 프로그램을 지속해 오면서 해양관측에서 좀
   처럼 유례를 찾기 어려운 장기간의 시계열 자료가 수집되었고, 이 자료가
   해양과 기후의 장기적 변동을 이해하는 데에 크게 기여했음은 논란의 여
   지가 없다. 따라서 이제 이 프로그램의 임무를 새로 정의할 필요가 있다.

전 지구 평균 표층 수온은 계속 증가세를 유지하고 있고, 미국의 앨 고어
(Albert Arnold Gore) 전 부대통령과 함께 2007년 노벨평화상을 수상한 기후
변화에 관한 기후변화에 관한 정부 간 협의체(Intergovernmental Panel on Climate
Change, IPCC)는 향후 50년간 이 추세가 계속될 것으로 전망하고 있다. 이 프
로그램 해역에서도 지난 50년간 섭씨 약 0.6도의 표층 수온 증가가 있었

고, 앞으로 50년간은 증가세가 더욱 심해져 섭씨 1.5도에 달할 수 있다는 전망이 있다. 물론 이러한 예측은 불확실성을 내포하며, 따라서 향후 50년 간 지속적인 프로그램의 유지를 통해 표층 수온과 같은 핵심변수들의 모니터링 자료가 축적되어야 할 것이다.

2. 과학평의원: 이 프로그램에 새로운 아이디어를 제공할 수 있는 자문단을 구성하자는 제안이다. 이 프로그램의 임무와 관련된 분야의 뛰어난 해양과학자들과 프로그램 내부의 과학자들이 서로 협력하여 프로그램을 향후 더 혁신시켜나가는 방법을 논의하는 일이 필요하다.

3. 집중 기간: 중요한 핵심 환경 요소들에 대한 기존 관측의 토대를 그대로 유지하면서 여기에 5년 정도의 단기 중점 연구과제를 정해 새로운 시도를 해보는 방법을 구상할 수 있다.

4. 박사후 연구원 펠로십(postdoctoral fellowship): 프로그램을 자극하는 데 큰 힘이 될 수 있는 박사후 연구원 펠로십 제도를 도입하는 방법이다. 최신의 아이디어를 가지고 새로운 방법을 도입하는 연구가 가능해질 수 있고, 미 스크립스 해양연구소(SIO), 미 해양기상청(NOAA), 캘리포니아 어로수렵국(California Department of Fish and Game, CDFG) 등과의 공동연구도 추진할 수 있다.

5. 기관 간 조정: 현재 이 프로그램을 통해 모니터하는 영역은 남부 캘리포니아 해역으로 국한되어 있지만 남쪽의 IMECOCAL 프로그램, 북쪽의 몬터레이만 수족관 해양연구소(Monterey Bay Aquarium Research Institute, MABARI) 등 여러 연구기관에서 진행하는 프로그램들과 협력을 증진하

여 지역적 한계를 벗어난 넓은 범위의 기후 연구가 가능하다.

6. 혁신: 학생, 박사후 연구원, 과학자, 자문위원, 커뮤니티 등 이 프로그램의 여러 내외부 인사들로부터 혁신에 대한 새로운 아이디어를 얻을 수 있을 것이다. 단, 가장 중요한 것은 혁신을 가능케 하는 환경이다.

체클레이 교수와 같은 몇몇 과학자들뿐만 아니라 캘리포니아 어로수렵국(CDFG)에서도 향후 50년 동안 이 프로그램을 지속적으로 수행할 계획을 수립하고 있는데, 이들 역시 더욱 혁신적인 기술 개발, IMECOCAL 프로그램과의 협력 증진, 공동연구 활성화, 중부 캘리포니아로의 확장, 그리고 많은 어종이 어획되는 해초숲(kelp forest)에서의 연안 관측에 특별한 관심을 가지고 있다.

1장에서도 언급했지만 2004년 이후 이 핵심 정점 해역에서는 이 프로그램을 확장한 캘리포니아 해류 생태계의 장기 생태 연구(California Current Ecosystem Long-Term Ecological Research, CCE LTER, http://cce.lternet.edu/) 프로그램이 진행 중이다. 장기 생태 연구 프로그램을 통해 여러 지역의 생태계 관측 프로그램들이 개발되었는데, 그중에서 캘리포니아 해류 생태계(California Current Ecosystem)에 대한 연구가 선정되어 캘리포니아 협동해양수산조사 프로그램과도 협력하여 더 많은 환경 요소들을 더 혁신적인 방법으로 연구할 수 있게 되었다. 예전에는 실험실에서만 측정해오던 동·식물 플랑크톤의 성장률(growth rate)과 사망률(mortal rate) 등의 생리적 특성을 실제 바다에서 측정하는 것이 그 대표적인 예이다. 또, 고정점에서 오일러 방식

그림 6-1 캘리포니아 협동해양수산조사(CalCOFI) 관측선 80에 위치한 계류 정점들에서 자동화된 환경 센서들을 통해 매 시간 연속적으로 자료를 수집하고 실시간으로 제공하여 해양환경을 모니터링하고 있는 계류 부이(buoy)의 모습[출처: 미 스크립스 해양연구소 해양 시계열 그룹 웹페이지[104]].

(Eulerian)으로 시간적인 변화만을 측정하던 방식에서 벗어나 전선(front)을 추적하면서 단면구조와 그 변화를 관측하는 새로운 시도도 벌이고 있다. 특히 이 프로그램에서는 계류 관측(http://mooring.ucsd.edu/cce) 등을 통해 연속적인 해양 시계열 자료들을 수집하고 있는데, 이것은 분기별로 1회 혹은 연중 4회, 계절별 한 차례의 항해 조사로만 이루어지는 캘리포니아 협동해양수산조사 프로그램을 보완하여 계절 간에 일어나는 짧은 시간 규모의 여러 해양환경 변동을 연구하기 위함이다. 특히 관측선 80에 위치한 두 기의 계류 정점들에서는 자동화된 센서(sensor)들로부터 매 시간 연속적으

---

102   http://mooring.ucsd.edu/projects/cce/cce_status.html

로 수집되는 대기 및 해표면의 이산화탄소 분압, 수온, 염분, 용존산소와 같은 수중의 물리, 화학, 생물적 해수 특성과 수층별 유속 등 여러 환경요소에 대한 자료들을 통해 실시간으로 해양환경을 모니터링하고 있다(그림 6-1).

캘리포니아 해류 생태계의 장기생태연구(CCE LTER) 프로그램은 아니지만 유사한 계류 정점이 연안에도 존재하는데, 샌디에이고 델마(Del Mar) 시 외해의 100m 수심에 위치한 계류 부이가 바로 그것이다. 2006년 첫 계류 이후 현재(2013년)까지 이 부이를 지속적으로 유지·보수·교환해 오면서 이 계류 정점에 부착된 센서들을 통해 수온·염분·용존산소 등의 해수 특성과 수층별 유속 등 여러 환경요소에 대한 자료들을 지속적으로 수집해 오고 있는데, 앞의 3장에서 소개한 라니냐(La Niñ) 국면에 대륙붕 해역에서 용존산소가 낮아지는 현상[103] 등은 이러한 장기간의 시계열 자료를 분석한 결과이다. 특히 연속적으로 수집되는 종합적인 해양환경 실시간 정보를 인터넷을 통해 제공함으로써 (http://mooring.ucsd.edu/projects/delmar/delmar_data.html) 해양과학자 커뮤니티는 물론 생태, 수산, 국방, 기후 관련 전문가들과 레저, 교육 등의 일반에까지 유용하게 활용하고 있는 중이다. 또, 이 계류 부이의 유지/보수와 센서 교환 및 자료 검·교정과 처리·분석 등의 전 과정에 미 스크립스 해양연구소 소속 대학원생들이 참여하고 있는데, 그것은 이 계류관측이 선상 수업(At-sea Course)의 일환으로 교육용으로도 활용되고 있기 때문이다. 미 캘리포니아대학에서는 학생들의 연구선 승선 기회를 증진시키고 독립적으로 연구할 수 있는 기회를 제공하기 위해 매년 연구선 지원금(UC Ship Funds)을 마련하여 연구 과제 제안서를 모집하여 선발하고 있다.

---

103   Nam, S., H. -J. Kim, and U. Send (2011), Amplification of hypoxic and acidic events by La Niña conditions on the continental shelf off California. *Geophys. Res. Lett.*, 38: L22602, doi:10.1029/2011GL049549.

2012년에는 미 스크립스 해양연구소 소속의 대학원생들 주도로 샌디에이고 연안 해양 탐사(San Diego Coastal Expedition, SDCoastEx, https://sites.google.com/site/sandiegoseaflex)라는 프로그램이 진행되어 여름철과 겨울철 각각 약 10일 동안 샌디에이고 연안 해역을 구석구석 다니며 고해상의 물리적 및 화학적 해수 특성 관측, 퇴적물 채집 조사, 지구물리 조사, 원격조종 무인탐사기(Remotely-Operated Vehicle, ROV)와 그물, 저인망 등을 활용한 생물 및 생태 조사를 실시하기도 하였다(그림 6-2). 선박 사용을 위한 예산 확보(과제 제안서)에

그림 6-2 샌디에이고 연안 해양 탐사(SDCoastEx) 겨울철 조사 중에 연구선에서 수중 ROV를 촬영을 위해 ROV를 투하하고 있는 사진. 멀리 샌디에이고의 육지 부분이 보인다.

서부터 시작해서 구체적인 실험 계획(시간대별 항해 경로와 관측 일정)과 자료의 처리·분석에 이르기까지 전 과정을 학생들이 주도하였으며, 심지어 두 차례의 항해 모두 탐사 총괄책임 과학자(Chief scientist)도 학생들이 맡았다.

두 차례의 조사를 통해 수집된 자료들은 샌디에이고 근해의 캘리포니아 잠류(undercurrent)와 물리적 · 화학적 해수 특성의 세밀한 구조, 산소최소층(oxygen minimum zone)과 생태학적 · 상업적으로 중요한 종들에 대한 연구, 메탄 분출구와 같은 지질학적 발견 등을 가능하게 하고 있다. 이러한 형태의 집중적인 연안해양 조사도 향후 지속적으로 추진된다면 캘리포니아 협동해양수산조사 프로그램을 보완하며 남부 캘리포니아 해역의 모니터링 능력을 크게 향상시킬 수 있을 것으로 기대된다.

이 밖에도 1장에서 소개한 스크립스 피어의 연속 시계열 관측 및 이를 포함한 남부 캘리포니아 지역 연안해양관측망(Southern California Coastal Ocean Observing System, SCCOOS, http://www.sccoos.org/)의 여러 관측 요소들(고주파 레이더를 이용한 표층해류 관측, 기상관측, 연안 정점 자동 · 수동 관측, 계류 관측, 선박 자료 수집, 글라이더 등)을 통해 남부 캘리포니아 연안의 종합적인 모니터링이 이루어지고 있다. 연방정부와 캘리포니아 주정부의 재정 부족 등을 이유로 일부 프로그램들이 원활히 가동되지 못하는 경우들이 발생하지 않는 것은 아니지만, 동태평양 해양환경과 해양생태계의 지속적인 모니터링에 대한 필요성과 중요성에 대한 광범위한 동의가 이루어져 있기 때문에 앞으로도 이같은 노력은 개선 · 보완해 가면 지속될 것으로 전망된다.

몬터레이만 수족관 해양연구소(MBARI)

설립 당시부터 과학자와 공학자 사이의 협력을 기본 원리로 강조해 온 몬터레이만 수족관 해양연구소(Monterey Bay Aquarium Research Institute, MBARI, http://www.mbari.org/)는 이 연구소 근처에 위치한 몬터레이만의 협곡(canyon)에서 오래전부터 새로운 기술 장비들을 이용한 다수의 계류 관측 정점 관측

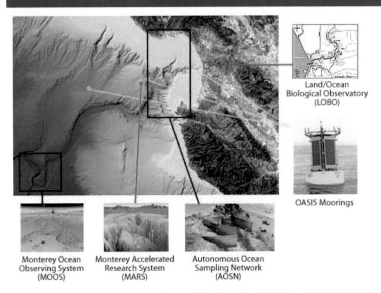

Ocean Observatories at MBARI

Land/Ocean
Biological Observatory
(LOBO)

OASIS Moorings

Monterey Ocean
Observing System
(MOOS)

Monterey Accelerated
Research System
(MARS)

Autonomous Ocean
Sampling Network
(AOSN)

그림 6-3 미 몬터레이만 수족관 해양연구소(MBARI)에 의해 몬터레이만을 중심으로 진행되었거나 진행 중
인 해양관측 프로그램들[출처: 미 몬터레이만 수족관 해양연구소의 몬터레이 해양관측망-MOOS
웹페이지[106]]

을 수행해 왔다. 이러한 계류 관측 정점에서는 자동화된 해양환경 모니터링
프로그램들을 통해 계류 관측 장비들을 유지 · 보수하며 운용해 왔기 때
문에 장기간의 해양 시계열 자료들을 수집해 올 수 있었다. 남부 캘리포니
아 해역에서와 마찬가지로 이러한 모니터링 노력이 현재까지 잘 유지되
고 있으며, 앞으로도 몬터레이만을 중심으로 한 동태평양의 모니터링에
크게 기여할 것으로 예상된다. 몬터레이만 수족관 해양연구소(MBARI)의 해
양과학자들은 1989년에 시작된 다학제 간의 과학을 위한 해양 습득 시스
템(Ocean Acquisition System for Interdisciplinary Science, OASIS) 프로그램을 비롯하여

104   http://www.mbari.org/moos/

몬터레이 해양관측망(Monterey Ocean Observing System, MOOS), 가속화된 몬터레이 연구 시스템(Monterey Accelerated Research System, MARS), 자동화된 해양 샘플 네트워크(Autonomous Ocean Sampling Network, AOSN), 육상 · 해양 생지화학 관측소(Land/Ocean Biogeochemical Observatory, LOBO)와 같은 해양관측 프로그램들을 통해 몬터레이만 협곡 중심의 해양환경 모니터링을 실시해 왔다(그림 6-3). 또, 최근에는 이동형의 해양관측 플랫폼들을 사용하여 비용 대비 관측 효율을 더 높이고 있으며, 이러한 이동형의 플랫폼을 언제, 어디로 보내서 해양 자료를 더 수집해야 시간에 따라 빠르게 변동하는 3차원 해양환경을 파악할 수 있을지를 결정하는 시스템도 구축하고 있다고 한다. 이를 통해 해양환경 모델링에 최적으로 동화되는 자료를 수집하게 될 것으로 보인다.

스탠퍼드대학교 존스홉킨스 해양기지와 모스랜딩 해양실험실

몬터레이만 인근의 다른 두 해양연구기관들, 스탠퍼드대학교 존스홉킨스 해양기지(Johns Hopkins Marine Station, HMS)와 모스랜딩 해양실험실(Moss Landing Marine Laboratories)에서도 비교적 근해에서 심해 해수를 채취할 수 있는 서부 최대 크기의 몬터레이 협곡 장점을 살려 해양 모니터링 노력을 지속해 왔다. 모스랜딩 해양실험실은 용승 해역 가운데에 위치하고 있는데, 앞에서도 살펴본 것처럼 용승 해역의 풍부한 영양염은 식물 플랑크톤의 생산성을 높여 다양한 해양 과정(oceanic processes)을 관측할 수 있게 만든다. 임해연구소의 특성을 잘 살려 바로 옆에 연구선들을 위치시킴으로써 활발한 해양관측 활동을 지속하고 있다. 또, 존스홉킨스 해양기지에서는 기지 보호구역에 해양 생명체 관측소(Marine Life Observatory, http://mlo.stanford.edu)를 세워 수온, 염분, 용존산소 등의 물리적 해수 특성과 함께 조간대 등에서의 생태적 특성과 그 변동을 모니터링하고 있다(그림 6-4). 특히 앞바다에 여러 암석들과 해초숲,

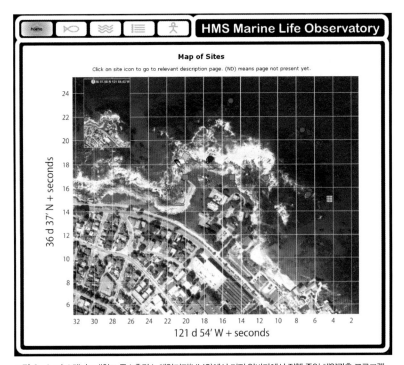

그림 6-4 미 스탠퍼드대학교 존스홉킨스 해양기지(HMS)에서 기지 앞바다에서 진행 중인 해양관측 프로그램, 해양 생명체 관측소(Marine Life Observatory)의 관측 정점들[출처: 존스홉킨스 해양기지의 해양 생명체 관측소 웹페이지[107]]

그리고 작은 섬들이 존재하고 있어 생물학적 연구를 위한 좋은 임해 입지 여건을 가지고 있다. 두 해양연구기관들에서도 몬터레이만 인근의 모니 터링을 앞으로도 지속적으로 유지할 것으로 보인다.

---

105   http://mlo.stanford.edu

북동태평양 해양 시계열 정점 Papa와 P관측선 프로그램

역시 앞에서 소개한 것처럼 북태평양 탄소순환 프로그램(North Pacific Carbon Cycle Project), 해양 시계열 관측 네트워크 OceanSITES(OCEAN Sustained Interdisciplinary Timeseries Environment observation System, http://www.oceansites.org/), 그리고 이산화탄소 분압 모니터링 네트워크 MAPCO2 Network(http://www.pmel.noaa.gov/co2/) 등의 해양관측 네트워크들에 이미 기여하고 있는 알래스카 해역의 해양 시계열 정점 Papa와 P관측선 프로그램은 북동태평양 모니터링의 핵심적인 부분이라 할 수 있다. 1949년 최초 선박 관측 이래, 일시 중단되었다가 1956년 이후 해양 시계열 관측을 시작한 이 프로그램은 북태평양 해양과학기구(North Pacific Marine Science Organization, PICES)를 통해 2006년에 50주년 기념 심포지엄을 개최하기도 하였으며, 2010년 북태평양 해양과학기구의 연차회의 때는 이 모니터링 프로그램의 공로를 인정받아 3차 포마상(POMA)[106]을 수상하기도 하였다. 많은 과학자들을 대표하여 이 상을 수상한 윌리엄 크로우포드 박사(Dr. William Crawford)는 소감문을 통해 1980년대 후반까지 남쪽의 아열대 생태계(subtropical ecosystem)를 연구하던 그가 대규모의 역학과 물리-생물 상호작용 및 생태계들의 연구에 관심을 가지게 된 계기로 이 프로그램의 중요성을 꼽기도 하였다. 해양 시계열 정점 Papa와 P관측선의 역사에 대해서는 하워드 프리랜드 박사(Dr. Howard Freeland)가 간략히 정리하여 논문[107]으로 출판하기도 하였다. 이 프로그램

106 이 포마(POMA; PICES Ocean Monitoring Service Award) 상은 북태평양 해양과학기구(PICES)에서 해양관측과 모니터링 및 자료의 관리에 대한 공로를 바탕으로 수여하는 상으로서 일본 요코하마에서 열린 2006년 연차회의 때에 논의되어 캐나다 빅토리아에서 열린 2007년 연차회의에서 최종 결정된 후 매년 수여하고 있다.

107 Freeland, H. (2007), A short history of Ocean Station Papa and Line P, *Progress in Oceanography* 75, http://dx.doi.org/10.1016/j.pocean.2007.08.005.

을 통해 앞으로도 지속적인 북동태평양 모니터링이 유지될 것으로 전망된다.

오리건 뉴포트 관측선 프로그램

알래스카와 캘리포니아 사이의 오리건 및 워싱턴 주 연안의 해양관측 및 모니터링 프로그램들도 계속해서 지속되거나 확대 발전할 것으로 예상된다. 특히 1장에 소개한 NH 관측선 프로그램 외에도 동태평양의 전반적인 빈산소 문제(hypoxia)와 관련해서 해양생태와 관련된 관측 프로그램들이 다수 진행 중인데, 대표적인 것으로 연안해양의 다학제 간 연구 파트너십(Partnership for Interdisciplinary Studies of Coastal Oceans, PISCO, http://www.piscoweb.org/what)을 꼽을 수 있다. 이 프로그램은 해양생태계를 장기간 모니터링하기 위해 데이비드와 루실 패커드 재단(The David and Lucille Packard Foundation)의 지원으로 14여 년 전인 1999년에 오리건주립대학교(Oregon State University, OSU), 스탠퍼드대학교 홉킨스 해양기지, 캘리포니아 대학 산타크루즈(University of California at Santa Cruz, UCSC), 캘리포니아대학 산타바바라(University of California at Santa Barbara, UCSB) 주도로 만들어졌고, 2005년부터는 고든과 베티 무어 재단(Gordon and Betty Moore Foundation)과 다양한 일반(연방 정부, 주정부, 지역 정부 및 민간단체들)의 지원들도 받고 있다. 미 서부 연안 해양생태계의 역학을 이해, 해양 정책결정자들이 과학적 근거를 가지고 연안 해양을 관리할 수 있도록 지식 공유, 다학제 간의 접근에 능한 차세대 과학자들을 육성의 목표들을 가진, 이 프로그램의 핵심적인 요소들은 다학제 간의 생태계 과학, 자료의 수집, 저장, 관리, 공유, 일반 대중 및 정책 결정자들과의 교류, 다학제 간 교육 훈련 등이다.

이 프로그램의 관리자들은 지난 10여 년의 성공적인 운영을 바탕으로 앞으로도 미 서부 연안을 따르는 캘리포니아 해류 거대 생태계(California Current Large Marine Ecosystem)에 대한 지속적인 모니터링과 연안 해양환경 및 생태 관측 등을 지속할 예정이라고 한다. 당연히 과학자들의 생태계 변동에 대한 인과관계 및 해양수산자원 관리 등 연구 활동 역시 이와 함께 수반될 것으로 보인다. 2002년 여름철에 오리건 연안의 용존산소가 이상적으로 매우 낮아져 어류와 갑각류 및 많은 생물체들이 집단으로 폐사한 사건의 원인을 밝히는 연구들은 그 좋은 예이다. 중요한 점은 과학자들의 이 같은 새로운 발견들이 정책 결정에까지 잘 활용될 수 있도록 과학자와 정책결정자들 사이의 효과적이고 효율적인 교류도 계속해서 추진하려는 점이라고 할 수 있다.

비슷하게 미 국립과학재단(National Science Foundation, NSF) 지원으로 오리건 보건과학대학(Oregon Health and Science University)이 주관하여 오리건주립대학교(Oregon State University) 및 워싱턴대학교(University of Washington)와 함께 연안경계관측 및 예측센터(Center for Coastal Margin Observation and Prediction, CMOP, http://www.stccmop.org/about_cmop)를 설립하고, 변화하는 기후와 인간활동의 증가 속에서 전통적인 과학·교육·사회의 경계를 넘어서는 미 북서부 연안의 해양 이슈들을 포괄적으로 풀어가는 비전을 가지고 활동하고 있다. 이 센터의 주요임무는 사후 처리보다는 사전 처리에 부합하는 과학적 연구결과들을 수행하고, 연안 경계의 이슈들을 해결할 수 있는 준비된 교육 방법을 수립하며, 다양한 사회적 수요에 부응할 수 있도록 결과들을 공유하는 것이다.

연안해양의 다학제 간 연구 파트너십(PISCO)과 연안경계관측 및 예측센터(CMOP)의 활동들을 통해 해양과학자들은 점점 더 사회와의 소통을 넓히고 이를 통해 정책 결정 과정과 환경 이슈들을 해결할 수 있는 방법을 모색하는 과정에서 과학적 근거를 가지고 예측 가능한 방향으로 연안해양을 관리할 수 있게 될 것이다. 이미 캘리포니아 연안의 연안 해양관측망(Central and Northern California Coastal Ocean Observing, CeNCOOS, http://www.cencoos.org/, Southern California Coastal Ocean Observing System, SCCOOS, http://www.sccoos.org/)처럼 오리건과 워싱턴 주 연안에도 북서부 해양관측망 네트워크(Northwest Association of Networked Ocean Observing Systems, NANOOS, http://www.nanoos.org/)[108]가 존재하여 다양한 플랫폼들로부터 실시간의 해양 자료들이 수집되며 통합 서비스되고 있다. 앞으로는 연안해양의 다학제 간 연구 파트너십(PISCO)과 연안 경계 관측 및 예측 센터(CMOP)와 같은 다학제 간 프로그램들을 통해 해양과학자들이 더욱 적극적으로 사회에 기여할 수 있는 과학적 정보들과 이슈들의 해결책들을 제공할 수 있게 될 것으로 기대된다. 여기에 더하여 1장에서 소개한 미 국립과학재단(NSF)의 해양관측주도(Ocean Observatories Initiative, OOI) 프로그램 중 연안 규모의 한 개 관측점이 오리건 뉴포트 연안의 관측선에 수립되어 향후 25년 이상 계류 관측들과 이동형의 플랫폼들이 투하되어 이 관측선의 종합 해양 모니터링을 실시할 예정이며, 이미 주요 관측망들을 설치 중에 있다고 한다.

페루 · 칠레 해양관측

미국, 멕시코, 캐나다뿐만 아니라 남반구에 위치한 페루와 칠레도 동태평양 해양관측 프로그램들을 개발해 왔으며, 앞으로도 지속적으로 동태평양 모니터링 노력을 지속할 것으로 보인다. 앞에서 소개한 페루의 북부 훔

---

108   오리건 연안 해양관측망(Oregon Coastal Ocean Observing System, OrCOOS http://agate.coas.oregonstate.edu)은 북서부 해양관측망 네트워크(NANOOS)를 구성하는 부체계(subsystems) 중 하나이다.

볼트 해류 시스템(Northern Humboldt Current System, NHCS) 관측 노력과 칠레의 중남부 콘셉시온(Concepción, 남위 36도 부근) 앞 대륙붕 장기 해양관측 프로그램 등이 그 예이다. 최근에는 중남부 칠레 앞바다의 장기 해양관측 프로그램을 통해 수행된 연구들을 "과학과 사회를 위한 해양관측"에 대한 주제로 모아 산소최소층(Oxygen Minimum Zone, OMZ) 등 기후와 생태 관련 많은 연구 결과들을 학술저널 해양학진보(Progress in Oceanography) 특별호[109]로 출판하기도 하였다. 편집인이자 전반적인 칠레 앞바다의 용승 연구를 주도해온 콘셉시온 대학(University of Concepción) 해양학과의 카리나 란지 박사(Dr. Carina B. Lange)와 루벤 에스크리바노 박사(Dr. Rubén Escribano)는 지난 2002년부터 2012년까지의 기간 동안 나타난 물리적, 화학적, 분자학적, 생물학적, 생태학적, 생지화학적, 그리고 퇴적학적 변화들을 분석해 왔다. 분석 결과는 계절적인 변화와 격년 변화 모두 잘 보여주었으며, 특히 상부 산소최소층의 계절변화가 뚜렷하게 나타났다. 이러한 연구결과들은 앞으로도 고품질의 연속적인 해양관측 자료를 지속적으로 수집해야만 하는 중요한 이유를 보여주고 있다.

해양관측주도(OOI) 프로그램

앞의 1장에서 미 국립과학재단(National Science Foundation)의 해양관측주도 (Ocean Observatories Initiative, http://www.oceanobservatories.org/) 프로그램이 탄생하기까지의 과정을 비교적 자세히 소개하였고, 여기서는 향후 25년 이상 이 프로그램을 유지하기 위해 개발 중인 모니터링 기술과 향후 전망에 대해 동

---

109   Escribano, R. & Morales, C.E. [editors] (2012). Variability of the coastal upwelling and coastal transition zones off central-southern Chile, Progress in Oceanography, Special Issue, Vols 9295: 1-228.

태평양을 중심으로 소개하려고 한다. 2013년 현재 승인되어 있는 예산만 원화로 약 3,640억 원에 달하며, 안정된 운영과 유지를 위해 해마다 500억 원 정도의 소요가 예상되고 있는 이 거대한 프로그램은 크게 연안과 전 지구 규모(Coastal and Global Scale Nodes, CGSN), 지역 규모(Regional Scale Nodes), 가상인프라(Cyberinfrastructure), 교육 및 대민 홍보(Education and Public Engagement)로 구성된다. 전 지구 규모 관측점들은 해양관측정점 **Papa**가 위치한 북태평양의 알래스카 인근 정점, 북대서양의 어밍거해(Irminger Sea), 남태평양의 칠레 앞바다 남반구 대양(Southern Ocean), 남대서양의 아르헨티나 분지 아르헨티나 분지(Argentine Basin)의 4개인데, 이 중 2개(Station Papa, Southtern Ocean)가 동태평양에 위치하고 있다(그림 6-5). 또, 지역 규모 관측점들은 해저 케이블로 연결된 광대역의 관측점들로 구성되는데, 미 서부 오리건 및 워싱턴 주 외해를 대상으로 하고 있다(그림 6-5). 마지막으로 연안 규모 관측점들은 두 개의 배열 관측으로 구성되는데, 하나는 미 북동부의 파이오니어 어레이(Pioneer Array)이고, 다른 하나는 역시 미 서부 오리건 및 워싱턴 주 연안의 인듀어런스 어레이(Endurance Array)이다. 인듀어런스 어레이(Endurance Array)는 다시 오리건 연안의 뉴포트 관측선(그림 6-6)과 워싱턴 연안의 그레이스 항(Grays Harbor) 관측선으로 구성된다(그림 6-5). 바로 이 프로그램을 통해 동태평양의 모니터링 능력 또한 크게 강화될 것임을 알 수 있는 부분이다.

이처럼 해양관측주도 프로그램은 동태평양을 비롯한 전반적인 해양 모니터링 기술을 크게 향상시킬 것으로 예상되는데, 2013년 현재 이미 가장 첨단의 해양관측 기술들이 모두 적용되어 각 관측점별로 건설·설치 중이다. 이 기술들에는 센서 기술, 계류 기술, 로봇 기술, 가상인프라 기술, 해저 케이블 기술이 포함된다. 7개의 배열 관측들로부터 50종류에 달하는 총 771개의 해양관측 센서들이 설치되는 이 프로그램에서 센서 기술은 양질의 자료 수집 및 제공에 있어 매우 중요하므로 프로그램의 성패를 좌우하는 매우 중요한 역할을 할 것이며 따라서 앞으로도 지속적으로 개발, 향상될 것으로 보인다. 계류 기술 또한 프로그램의 성패에 매우 중요한 요소이며 위험관리 측면에서도 향상된 계류 기술을 통해 안정적으로 관측망들을 운용하는 것이 필요해 보인다. 또, 수중 글라이더(underwater glider)와 자율제어 수운동체중(AUV) 등이 고정점의 관측망들 사이를 이동하면서 공간적인 환경 정보를 수집함과 동시에 수중 관측 플랫폼들로부터 실시간의 자료들을 수집할 예정이다. 따라서 관련 로봇 기술의 개발 역시 이 프로그램에 성과이자 동시에 성공적인 프로그램의 운영을 위해 필수적인 요소가 될 수 있다.

해양관측주도 프로그램은 양질의 자료를 제공하고 관련 기술들을 향상시킴으로서 과학·공학 커뮤니티에 기여할 수 있는 인프라를 구축하는 것이 기본적인 목적이고, 자체적으로 특정 해양학적 과정들을 규명하는 것을 직접적인 목표로 하지 않고 있다. 즉 해양관측주도 프로그램에 참여하고 있는 과학자들은 이 프로그램을 통해 수집되는 거대한 양의 자료들이 과학적 목적에 잘 사용될 수 있도록 필요한 검·교정과 자료 처리 및 검증을 통해 자료의 질을 관리하는 역할을 담당할 뿐, 그 자료를 분석하여 특정한 해양 현상을 연구하려는 것이 아니다. 양질의 자료를 커뮤니티 전체에 제공함으로써 누구든지 필요한 자료를 분석하여 과학적 연구를 수

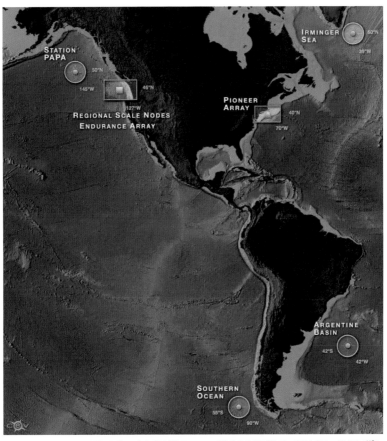

그림 6-5 미 국립과학재단(NSF)의 해양관측주도 프로그램의 관의 위치[출처: 해양관측주도 웹페이지[112]]

행하거나 현업 등에 활용할 수 있게 하려는 의도이다. 이 자료를 해양과학

자들의 커뮤니티에서 활용하여 연구할 수 있는 과학적 주제들은 대기 해

양 교환 과정, 기후변동, 해양순환, 생태계, 난류 혼합과 생물-물리 상호작

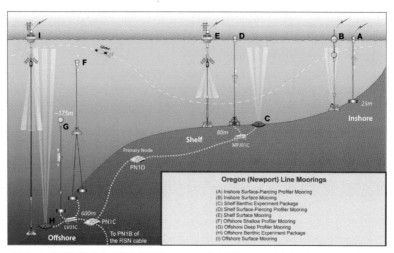

그림 6-6 미 국립과학재단(NSF)의 해양관측주도 프로그램의 연안 규모 중 하나인 오리건 뉴포트 관측선의 관측 구상도. 표층 및 수중 계류 부이, 프로파일러들과 바닥장착형 장비들을 비롯하여 이들 사이를 왕복하는 수중글라이더와 지역 규모 관측점으로 연결될 해저 케이블 관측 등을 볼 수 있다.[출처: 해양관측주도 웹페이지[113]]

용, 연안 해양역학과 생태계, 유체-암석 상호작용과 해저지각의 생물권, 지각판 규모의 지구동역학 등 매우 광범위하고 다양하며, 향후 25년 이상 지속적으로 이 프로그램을 통해 장기 시계열 자료가 제공되면 헤아릴 수 없을 정도로 많은 연구가 가능할 것으로 전망된다.

---

111   http://www.oceanobservatories.org/

Part **7**

전망과 과제

전망

과제

"어제는 지나갔고, 내일은 아직 오진 않았다.

우리에게는 단지 오늘만 있다. 바로 지금 시작하자

(Yesterday is gone. Tomorrow has not yet come

We have only today. Let us begin)."

- 마더 테레사(Mother Teresa)

Part 7. 전망과 과제

지금까지 다른 어느 바다보다도 장기간에 걸쳐 비교적 잘 이루어져 오고 있는 동태평양 해양관측의 역사에서부터 시작해 동태평양 해양생태계의 전반적인 변화, 엘니뇨와 태평양 기후변동, 계절변화와 연안용승, 수산자원과 심해저 광물자원, 그리고 오늘날과 앞으로의 지속적인 모니터링에 이르기까지 동태평양이 가진 여러 모습들을 살펴보았다. 태평양 너머 건너편의 이 같은 모습들은 비단 미국과 같은 동태평양 인접국뿐만 아니라 대한민국과 같이 아시아-태평양에 위치한 국가들도 시사하는 바가 크다. 마지막으로 여기서는 앞으로의 전망과 아시아-태평양에 사는 오늘의 대한민국에 주어진 과제에 대해 생각해보기로 한다.

전망

최근(2013년 7월 18일) 조 바이든 미국 부통령은 워싱턴 D.C. 소재의 조지워싱턴 대학교에서 아시아-태평양 정책에 관한 연설[112]을 통해 미국의 국가안보뿐만 아니라 국제사회의 안정까지도 도모하기 위해 바로 10억 명에 달하는 중산층이 분포하고 있는 아시아-태평양 지역(인도에서 태평양 연안을 거쳐 미주대륙에 이르기까지의 넓은 환태평양의 영역)에 자원과 관심을 확대해야 함을 강조했다. 특히 제로섬 게임을 벌이는 것이 아니기 때문에 아시아의 번영이 미국의 번영과도 근본적으로 연결되어 있고, 따라서 동서를 불문하고 특히 태평양 국가들을 중심으로 지속적으로 관계를 확대해 나갈 것임을

---

112   http://korean.seoul.usembassy.gov/p_gov_071813.html

밝혔다. 세계 5대 항만(홍콩, 싱가포르, 상해, 심천, 부산)이 입지한 동아시아에서 해양 물류 경쟁이 치열한 것도 사실이고, 아시아 주요국들 사이에서 해양 관할권을 두고 마찰, 분쟁이 심화되고 있는 것도 사실이지만, 이와 동시에 공동의 번영을 위해 태평양을 사이에 두고 이처럼 미국과의 통상 확대가 일어나고 있는 것 또한 분명한 사실인 것이다. 이처럼 태평양은 앞으로 미국을 포함하여 이를 둘러싸고 있는 국가들의 번영을 좌우하게 될 중요한 공간이다.

그 중요성과 최근 급부상되고 있는 관심은 환태평양 경제동반자협정(Trans-Pacific Partnership, TPP)[113]을 둘러싼 미국의 움직임을 통해서도 읽을 수 있다. 최근(2008년) 미국은 '아시아 회귀(Pivot to Asia)' 전략의 하나로 이 협정에 참여하며 아시아-태평양을 둘러싼 통상 환경을 급변시키고 있다. 이 협정은 2005년에 브루나이, 칠레, 뉴질랜드, 싱가포르 네 나라가 시작했는데 2008년 미국, 호주, 페루, 베트남 등이 가입하면서 관심이 크게 증대되고 있다. 미국이 가입한 배경에는 중국의 급부상과 이를 견제하는 미국 사이의 치열한 샅바싸움이 있다는 해석이 설득력 있어 보이는데, 왜냐하면 이 협상에는 국영 기업의 불공정한 지위나 행위에 대한 정부 규제를 비롯해 노동권과 환경보호 등의 내용도 다루고 있어서 정부 주도 경제인 중국이 감당하기 힘들기 때문이다. 더구나 이미 멤버국인 베트남이 영토 분쟁으로 껄끄러운 외교 관계를 갖고 있는 중국을 가입 승인해 줄지 미지수다. 따라서 환태평양 경제동반자협정은 최근 한중 자유무역협정(Free Trade Agreement, FTA), 한중일 자유무역협정(FTA)을 성사시켜 가면서 동북아시아

---

113   미국, 캐나다, 멕시코, 호주, 뉴질랜드, 싱가포르, 브루나이, 베트남, 말레이시아, 칠레, 페루 등 아시아태평양 지역 11개국 간에 진행 중인 자유무역협정(FTA)을 말한다. 최근 일본이 참여 의사를 밝혔고, 한국도 참여 여부를 검토 중이다.

맹주로 발돋움하려는 중국에 큰 근심거리가 아닐 수 없다. 이미 2013년 일본이 참여를 선언했고, 한국도 참여 여부를 검토 중인데, 대만, 필리핀, 인도네시아와 태국까지 환태평양 경제동반자협정 참여를 공식화하면 중국의 범중화권 결속을 위한 노력에 타격을 입게 될 것이기 때문이다.

전 세계 육지 면적을 다 합한 것보다도 넓은 이 지구 최대의 바다인 태평양은 지구환경문제의 이해와 대응을 위한 전략에서도 가장 우선적으로 고려되어야 하는 대상일 수밖에 없다. 해양에 대한 관할권 확보를 위해 주요국 사이에 해양 경쟁이 심화되고 있기도 하지만 기후변화, 환경오염, 자원고갈 등의 전 지구적 환경문제를 위해서는 공동의 노력과 협력을 반드시 필요로 하고 있다. 이러한 전 지구적 환경문제는 어느 한 나라가 혼자 해결할 수 있거나 해양과학기술의 도움 없이 해결할 수 있는 문제가 아니다. 최근 우리나라도 이러한 해양과학기술의 중요성을 의식하여 전통 해양산업의 고부가가치화 및 새로운 해양산업 창출, 그리고 첨단 해양과학기술 육성을 위한 기반 마련 등을 위해 노력 중이다. 이를 통해 부족한 해양력(sea power)을 키워나갈 수 있을 것임은 두말하면 잔소리인 것이다. 기존의 수산, 해운, 항만·조선 산업 이외에도 그동안 인식과 투자 부족으로 산업화 정도가 미미하였던 해양광업, 해양에너지, 해양생명공학, 해양 신소재 및 해중관광업 등 성장 잠재력이 무한한 해양산업에 관심과 투자가 이어지기 시작하였고, 해양변동 예측, 해양생명공학, 해저채광기술, 수중로봇기술, 에너지 개발, 환경보전기술 및 수산자원관리 기술 등의 기초·응용 연구들이 늘어나고 있다. 또, 첨단 해양과학기술을 기반으로 하여 지속가능한 해양자원의 개발에도 박차를 가하기 시작했다. 그러나 우리나라 국가 총 예산대비 해양과학 연구개발 투자비율은 0.06%로 아직 미국(0.22%), 일본(0.1%), 프랑스(0.13%) 등에 비해 크게 못 미치는 실정이라고 하지 않을 수 없다.

세계 각국은 이미 21세기를 대비한 중장기 해양개발 정책을 수립하고 국가전략적 차원에서 적극 추진 중이고, 과학기술의 발전에 따라 새로운 해양산업의 창출이 점점 가속화될 것으로 전망된다. 또, 해양 재해로부터 국민의 생명과 재산을 보호하기 위한 해양탐구 노력도 증대될 것으로 보인다. 특히 전 지구적 규모의 해양 및 기상변화를 예측하기 위해 국제적 협력이 증대되고, 엘니뇨 등의 해양기인성 기후변화에 대해 연구가 활성화될 것이다. 또, 해양 활동의 증가에 따른 해난 사고에 대비하는 종합 해양 감시기능도 크게 강화될 것으로 전망된다. 최근의 지구온난화, 해양산성화, 해양빈산소화 등으로 인한 해양생태계의 교란, 육상 에너지와 자원의 감소에 따른 대체 해양 에너지 자원의 개발, 또 해양과 관련된 융복합산업의 성장과 연안 및 해양 이용의 수요 급증, 해양관광 시장의 지속적인 성장 등이 사회적으로 그리고 경제적으로 부각되면서 해양연구는 더욱 활성화될 전망이다.

국제기상기구(World Meteorological Organization, WMO)[114]와 정부 간 해양학위원회(Intergovernmental Oceanographic Commission, IOC)[115]가 공동으로 설립한 해양학 및 해양기상 합동기술위원회(Joint Technical Commission on Oceanography and Marine

---

114   지구의 기상, 해양-기상 상호작용, 이들이 만드는 기후와 그 결과로 나타나는 수자원의 분포에 대한 상태와 그 행동에 대한 유엔 차원의 권위를 가지는 발언을 위해 1950년에 처음 세워졌다가 1951년에 기상, 수로 및 관련 지구과학 분야를 위한 특수조직이 되었다. 2013년 1월 1일 현재 191개 회원국을 보유하고 있다. http://www.wmo.int/

115   해양과학, 해양관측, 해양 자료와 정보교환, 쓰나미 경보와 같은 해양 서비스를 위해 세워진 유네스코 산하의 유엔 조직으로, 국제적인 협력을 증진하고 연구, 서비스, 해양 및 연안의 자연과 자원에 대한 이해력 향상과 이러한 지식을 활용하여 해양환경 보호와 지속가능한 개발 및 관리 능력을 개선하기 위한 프로그램들을 조정하는 임무를 가진다. http://ioc-unesco.org/

Meteorology, JCOMM) [116]의 제4차 총회가 작년(2012년) 한국에서 여수해양엑스 포와 연계하여 개최되었다. 전 세계 54개국 회원국들의 해양기상 전문가 로 구성된 정부 대표단 약 250여 명 이상이 참가하여 해양관련 재해 및 해 양기상 서비스 등에 대한 각국의 활동을 보고하고 국제공동대응전략을 마련하였는데, 특히 'JCOMM과 함께 미래를 구하자(Save the Future with the JCOMM)'를 캐치프레이즈로 하여 국가 간 공동대응방안을 마련하는 자리 를 가졌다는 데 큰 의미가 있다. 이 총회의 키워드는 '융합'이며, 이것은 해 양학 및 해양기상 합동기술위원회 총회뿐만 아니라 관련 해양과학기술 회의를 포함하는 전반적인 대세로 감지되고 있다. 향후 우리나라는 기상 청을 중심으로 정부와 학계, 연구계와 산업계가 해양기상분야의 체계적 인 협력을 통해 시너지를 창출하고, 해양기상 관측 · 예측과 서비스에 대 한 JCOMM의 국제 공동 노력들에 동참하며 대한민국 국가브랜드 이미지 를 향상시키고, 해양기상 영토를 넓혀 나갈 것으로 기대된다.

해양학의 연구 분야에서도 학제 간 융합 과학 성격이 점점 더 중요해지고 있으며, 앞으로 그 범위도 더 넓어질 것으로 전망된다. 전통적인 물리해양 학, 화학해양학, 생물해양학, 지질해양학의 구분이 모호해지고, 자신의 세 부 전문 분야에 대한 깊이 있는 지식과 연구 경험을 바탕으로 다른 세부 분야의 전문가들과 다학제 간의 연구를 수행하는 경우가 더욱 빈번해질 것으로 예상된다. 예를 들면 해양생태계의 변동에 관심 있는 생물 해양학

---

116   해양학과 해양기상학을 위한 공동기술위원회(the Joint Technical Commission for Ocea-
       nography and Marine Meteorology)는 비정부 간 기술 전문가 그룹으로서 해양학적, 해양
       기상학적 관측, 자료 관리와 서비스, 전문가 연합, 기상학 및 해양학 커뮤니티를 위한 기
       술과 개발능력에 대한 국제적 조정을 담당한다. WMO와 유네스코 IOC의 전문성 및 기
       술적 능력들을 합하여 효율성과 조정 능력을 증진시키기 위해 만들어졌다. http://www.
       jcomm.info/

자들은 해양환경 변동 역학을 이해하고 그 환경 요인들이 해양생태계에 미치는 영향을 파악하기 위해 수온, 해류 등 환경 변수에 이해가 깊은 물리 해양학자들과 같이 연구를 하기도 한다. 이러한 융합 연구는 캘리포니아 협동해양수산조사 프로그램이 선구적인 역할을 하였으나 최근에는 그 범위가 다양해지고 규모도 매우 커지고 있다. 또한 최근에 새로운 관심을 받고 개발되고 있는 자동화 센서들(pH, 영양염류, 이산화탄소 등)은 공학자들에 의해 개발되고 있으나, 대부분 화학 해양학자들과의 공동 연구를 통해 이루어지고 있다. 이러한 환경 센서들은 단순한 공학용 기기라기보다는 실제 해양환경에서 필요한 환경 정보를 추출하기 위한 과학적 요소들이 설계 이전 단계에서부터 필요하기 때문이다. 스크립스 해양연구소 등에서 주도해 온 해양 박테리아 등에서 신물질을 추출해 의약품, 화장품 등에 이용하는 연구는 이미 그 역사가 깊다. 심지어 해양생태학자 수기하라 박사는 해양 자료의 처리를 위해 개발한 자신만의 비선형 시계열 자료 처리법을 이용하여 주가 변동을 분석, 예측하기도 하였다. 그런가 하면 지구온난화 등의 기후변화 문제에 대한 사회와의 소통이 증대되면서 기후과학자들은 종종 사회과학자들과도 함께 협력하고 있는데, 이러한 추세는 전 지구적 환경 문제들이 부각되는 오늘날 지속적으로 확대 유지될 전망이다.

과제

관심이 증대되고 있는 태평양을 둘러싸고 벌어지는 각국의 치열한 해양 경쟁과 다른 한편으로는 전 지구적 환경문제를 풀어나가기 위한 공동의 노력과 협력이 전망되고 있는 오늘날 우리 앞에 놓여 있는 과제들을 생각해볼 수 있을 것이다. 첨단 해양과학기술을 바탕으로 한 해양자원개발 하나만 보더라도 구체적으로 수많은 과제들을 생각해볼 수 있다. 우선은 해양자원개발을 위한 기본적인 해양과학기술 능력을 선진국 수준으로 끌어올려 넓은 바다에 대한 입체적인 관측 및 감시체계를 구축해야 할 것이다. 이를 위해 캘리포니아 해류를 대상으로 진행 중인 것과 유사하게 수중의 다양한 무인 플랫폼을 사용하는 것은 물론 인공위성과 항공기 등의 다각화된 접근이 필요하며, 동시에 기존의 선박을 이용한 관측도 지속될 필요가 있다. 다음으로 해양광물자원을 적극 개발하여 전략금속자원 등의 장기적·안정적 공급원을 확보하고, 배타적 경제수역 및 공해상의 해양자원 개발과 해외 해양기지 등을 통해 해양 주권의 강화에도 힘써야 할 것이다. 또, 대표적인 고부가가치 산업인 해양생명공학 산업을 활성화하여 해양신물질의 상업화에 앞장서고, 심층수의 다목적 활용으로 산업에 기여하며, 첨단 수산 기술로 전통 수산업과 양식업을 고부가가치 산업으로 전환할 수 있을 것이다. 조력, 조석, 파력, 온도차 에너지 등 무공해, 청정 해양에너지 획득 기술을 실용화하여 화석 에너지 고갈과 높은 에너지 해외 의존도에 대한 돌파구를 찾아야 할 것이며, 차세대 신개념의 선박이나 심해탐사장비를 개발하여 전천후의 해양개발능력을 확보해야 할 것이다.

최근 해양수산부가 부활하기 이전에도 이미 국토해양부를 통해 효율적인 해양과학기술의 투자전략을 담은 '2020 해양과학기술(Marine Technology, MT) 로드맵'이 수립된 바 있고, 2011년 12월 국가과학기술위원회에서 최종심의를 받은 상태이다. 이 로드맵에서는 4대 이슈로 1) 해양산업진흥, 2) 기후변화 및 연안재해 대응, 3) 해양경제영토 확보, 4) 국민 삶의 질 향상을 제시하였으며, 이슈별 대응을 위해 13대 전략기술과 50대 중점과제를 선정했다. 그리고 4대 이슈별 주요 추진 전략은 다음과 같다.

1. 해양산업진흥

'해양에너지', '해양장비', '해양신소재', '항만물류시스템', '신선박기술' 분야에서 21개 중점과제를 집중 투자하여 해양산업의 국내총생산 비중을 7.6%까지 확대한다.

2. 기후변화 및 연안재해 대응
'연안재해 관측-예보', '전 지구적 기후변화 예측 및 대응' 분야에서 7개 중점과제를 지원하여 이산화탄소 감축, 해양변화 예측 및 예보의 정확도 향상에 기여한다.

3. 해양경제영토 확보
'해양영토 주권 강화', '해양자원 선점 및 해양경제영토 확보' 분야의 7개 중점과제를 지원하여 해양 정보 통합시스템 구축 및 국내외 해양자원을 확보한다.

4. 국민 삶의 질 향상
'청정한 바다 조성', '건강한 연안환경 구축', '안전한 해양 이용', '친수공간 및 해양문화창조' 분야의 15개 중점과제를 지원하여 보다 안전하고 청정한 해양환경을 유지한다.

또, 해양수산부 출범 이후 해양 분야의 현안을 점검하고 해양과학기술 정책수립과 집행의 방향에 대해 다양한 의견을 수렴하기 위해 해양과학기술과 해양정책 분야의 전문가들이 모여 2013년 심포지엄을 개최하기도 하였다. 이 심포지엄에서 한국해양학회 회장 노영재 교수는 발표를 통해 지구온난화와 환경오염의 가속화, 에너지와 자원 부족의 심화 등 해양과학기술을 둘러싼 환경변화와 최근 매년 증가하고 있는 해양산업의 국내총생산 비중 등에도 불구하고 연구개발비 투자규모가 절대액뿐만 아니라 전체 연구개발 예산 대비 해양 분야의 비중으로 보아도 선진국에 비해 저조한 수준임을 지적하였다. 또한 노 회장은 신지식으로서의 해양과학을 소개하고 기후변화와 연안재해 대응서비스, 해양과학 역량 확보와 해양자원, 성과중심의 기술 개발, 국제기구의 국제규제를 선도할 원천기술 확보, 해양과학기술 전문인력 양성 프로그램의 확대 추진, 연구 인프라 공동 활용 확대 추진 등 관련 해양서비스의 방향을 제시하였다. 태평양 너머 건너편에서 엿볼 수 있었던 해양과학자를 비롯한 수많은 사람들의 오랜 노력이 본격적으로 동태평양을 더 잘 이해하고 전 지구적 환경문제를 풀어나가기 위한 첫 단추였다고 한다면, 바로 그 다음은 아시아-태평양 시대의 흐름을 읽고 해양과학기술에의 투자를 늘려 급증하는 해양산업을 선점하는 아시아 특히 대한민국의 노력이 될 것으로 기대해본다.

에필로그

실제 바다에 대한 이야기 두 번째로 동태평양 편에 대한 원고를 준비하는 과정 역시 시리즈의 지난 편들을 준비할 때와 같이 저자들 스스로 많이 배울 수 있는 시간이 되었다. 마치 육상에 사는 우리의 삶과는 전혀 무관할 것만 같았던 태평양 반대쪽의 바닷속 현상들이 사실은 태평양 전체와 지구 전반에 걸친 변화에 직접 연결되어 있고, 기후 및 해양생태계, 수산자원에 영향을 미쳐, 작게는 우리의 밥상에서부터 시작해서 크게는 재해·재난과 우리 인류의 생존·번영에 이르기까지 경우에 따라서는 엄청난 파급효과를 가져올 수도 있겠다는 생각을 할 수 있었다. 특히 이런 문제점과 필요성을 진작에 인식하고 많은 사람들이 오랜 시간에 걸쳐 자연현상을 이해하고 예측하기 위한 막대한 노력을 해왔다는 점에 새삼 놀라지 않을 수 없었고, 감사한 마음이 생겼다. 동태평양 여러 관측 프로그램의 역사를 살펴보니 정부 관련 부처, 해양과학자, 연구기관, 해양대학원 등이 더 나은 연구를 하기 위해 끊임없이 노력하는 것은 물론이고, 많은 자원봉사자들의 참여, 사회 저명인사들의 바다 연구와 환경에 대한 관심, 독지가들의 아낌없는 재정적 지원 등이 합쳐져서 현재의 바다 연구를 이끌어왔고 앞으로 나아갈 길을 제시하고 있다는 것을 알 수 있었다.

산업화 과정에서 전 지구적 환경 문제를 일으킨 것도 어찌 보면 과학기술에서 비롯된 것이겠지만, 과학기술이 그 문제를 풀 수 있는 해결책을 제시할 수 있다는 점은 아이러니가 아닐 수 없다. 최근 해양과학기술의 발달로 바다에 대한 접근성이 점점 좋아지고, 위성이나 자동 관측 시스템, 무인장비 등 첨단 해양관측 기술을 적용하여 동태평양과 같은 주요 해역에서 효과적인 모니터링이 이루어지고 있는 점들은 오늘의 한국에도 시사하는 바가 크다. 과학자와 공학자 협업의 중요성은 이미 오래전부터 알려져 있었지만 동태평양에서 진행되고 있는 모니터링 프로그램들에서는 이미 과학자와 공학자가 긴밀한 관계를 유지하고 있어 그 중요성이 더 확연히 드러난다. 오랜 기간 유지해오고 있는 동태평양의 해양관측 프로그램들을 통해 해양과학자와 해양공학자들은 지속적으로 협력하면서 해양 관측 기술을 크게 향상시켜 왔으며, 다시 첨단 해양과학기술이 적용된 새로운 프로그램들을 다음 수십 년을 위해 새로 개발하여, 더더욱 혁신적으로 동태평양을 모니터링하기 위해 계속 노력하고 있다. 또, 여기서 한 발 더 나아가 정책결정자들과의 협업까지 진행하면서, 과학적 근거를 가지고 동태평양 연안 이슈들을 다룰 수 있도록 해양과학자들은 사회와의 소통 노력에도 더욱더 적극적이 되어가고 있다. 이러한 해양과학자들의 노력은 동태평양에만 국한되는 것이 아닐 것이다. 아울러 동태평양에서 발견된 수많은 과학적 지식들은 '해양의 시대' 특히 '아시아-태평양 시대'를 열어가는 우리에게 소중한 밑거름이 되어 드넓은 태평양 전역 아니 전 지구적 환경의 변화를 읽어내고, 그 미래를 예측하여 바다를 적극적으로 활용 및 경영하는 데에 크게 기여할 것임을 확신한다.

제임스 러셀 로웰(James Russell Lowell)은 다음과 같은 명언을 남겼다.

"창조는 어떤 것을 발견하는 것이 아니라, 발견된 것에서부터 어떤 것을 만들어내는 것입니다(Creativity is not the finding of a thing, but the making something out of it after it is found)."

동태평양,
과학으로 항해하다

초판인쇄	2014년 4월 30일
초판발행	2014년 4월 30일

지은이	남성현 · 김혜진
펴낸이	채종준

펴낸곳	한국학술정보(주)
주소	경기도 파주시 회동길230(문발동 513-5)
전화	031) 908-3181(대표)
팩스	031) 908-3189
홈페이지	http://ebook.kstudy.com
E-mail	출판사업부 publish@kstudy.com
등록	제일산-115호(2000.6.19)

ISBN	978-89-268-6195-0 93530

이담
Books 는 한국학술정보(주)의 지식실용서 브랜드입니다.